草本風花草庭園

活用多年生草本植物 **4** 類型×色彩

NHK出版◎編著　　天野麻里絵◎監修

主要植物／中介植物／彩葉植物／地被植物

NP-TMakk

關注植物的類型

從喜愛的花、著迷的花、一見鍾情的花，到偶然遇見的花，每個人都有各自喜愛的花吧！

希望身旁總是圍繞著這些花，但庭園裡栽種的明明都是自己喜愛的花，為什麼感覺就是差強人意呢？原因在於，庭園裡若只栽種「喜愛」的花，那麼，就很容易出現感覺很類似的花。事實上，庭園應該是能夠盡情地組合栽種各類植物之處。廣泛地組合栽種不同類型的植物，喜愛的花才會顯得更優雅漂亮。

本書特別依據花與葉的顏色、形狀及株姿等，將適合庭園栽種欣賞的植物分成四大類，詳細介紹各類植物的組合栽種方法。了解方法後，就能拓展視野，挑選未曾栽種過的植物，打造表情更豐富、更富於變化的庭園。

一起來試試看吧！

天野麻里絵

天野麻里絵／東京農業大學造園科學系畢業。愛知縣豐田市園藝博物館的首席園藝家，負責庭園建設與植栽維護整理工作。積極地依據植物的特性、姿態、形狀，提供組合栽種、運用技巧等，連初學者都很容易理解的庭園設計方案。

3

目次

本書內容係以日本關東以西的溫帶地區為基準。
相關內容可能因地區氣候差異而不同。

基本篇

了解植物的類型原理吧！

仔細觀察花的顏色與大小、株高或樹高、株姿等，了解植物種入庭園後，會發揮什麼功用，就能更巧妙地組合栽種植物。本單元特別將植物分成四種類型，詳細介紹該原理。

了解植物的四種類型後組合栽種吧！

庭園植栽時，
你用心地組合栽種植物了嗎？
依據植物的姿形，
將植物分成四大類後組合栽種，
即可突顯各種植物的特色，
打造更富魅力的庭園。

主要植物

分量感十足的花卉植物，
構成植栽中心，
打造最精采的庭園植栽。

中介植物

植株小巧，
不斷地開花的花卉植物，
具襯托主要植物，
連結其他植物的功用。

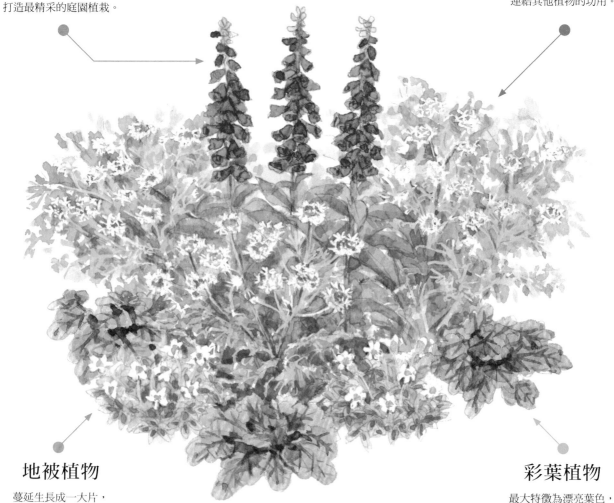

地被植物

蔓延生長成一大片，
構成形狀優美的面，
使植栽腳下顯得更凝聚，
讓庭園植栽看起來更漂亮。

彩葉植物

最大特徵為漂亮葉色，
可使植栽表情顯得更豐富、更凝聚。

綜觀整體而不是單純著重於花

觀察植物時，人總是不知不覺地就將視線聚集到花上，但除了花之外，植物上還存在著葉、莖等部位，而植物意象即取決於植物的所有部位。其次，就植物的整個生長過程而言，植物的開花期間其實非常短暫，人們欣賞莖、葉與株姿的時間遠比賞花期間長久。

尤其是株姿會隨著成長而出現重大變化的多年生草本植物，因此，事先了解植物的最終生長狀態與植株大小至為重要。此外，多年生草本植物中還包括進入休眠期後，地上部分就枯萎的種類。

因此，必須立於更長遠觀點，仔細地觀察株姿整體。

依據株姿整體將植物分成四大類

立於更長遠觀點重新檢視植物時就會發現到，植物可大致分成足以擔任植栽空間主角，與不足以擔任植栽空間主角，卻是營造庭園氣氛不可或缺兩大類。

本書中特別依據花與莖葉的形狀、大小、顏色，及株姿整體，將植物分成「主要植物」、「中介植物」、「彩葉植物」、「地被植物」四種類型，針對各類型植物的功用，進行詳盡的解說。詳細分類請參照P.10以後章節相關介紹。

透過分類，整理出各種植物的特徵，就能夠非常適當地挑選、組合栽種植物。容易以單一模式挑選花卉植物的人，了解植物的功用後，就能更廣泛、更有變化地挑選。請配合植栽場所條件與腦海中描繪的意象，以自己的組合栽種方式，好好地感受一下庭園植栽樂趣吧！

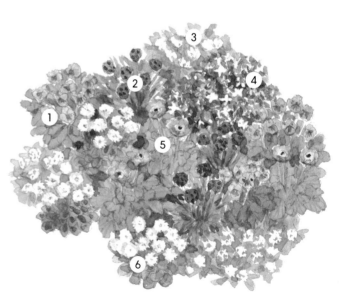

非常協調地納入四種類型的植物，層次分明，魅力十足的植栽。主要植物為鬱金香①。以雛菊②、海石竹③與路邊青（Mai tai）④為中介植物。彩葉植物為礬根⑤。栽種台灣珍珠菜（Midnight Sun）⑥作為地被植物。

只以香菫菜①、海石竹②、香雪球③、維吉尼亞紫羅蘭④、路邊青（Mai tai）⑤、雛菊⑥，與中介植物打造植栽。缺乏重點、散漫無趣的植栽。

主要植物

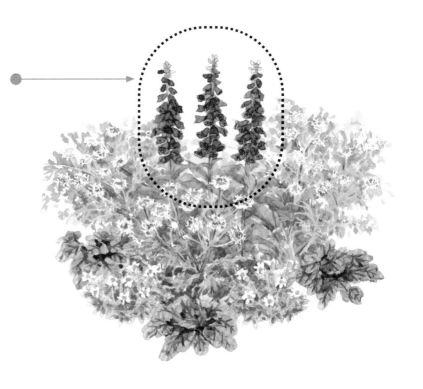

主要植物的功用

主要植物，顧名思義，就是指栽種後成為庭園或花壇等植栽空間主角的植物。亦即：欣賞庭園或花壇美景時，最先映入眼簾，決定植栽場所印象；納入庭園後成為觀賞焦點，既可引導視線，又能構成植栽空間最精采畫面；華麗氛圍深深地吸引目光，構成令人印象深刻植栽場面等，具備這類功用的植物。

足以擔任植栽空間主角的植物

花朵耀眼奪目，這就是植栽空間主角（主要植物）的必要條件。主要植物當然是以花朵碩大耀眼為上選，不過，花朵小巧，但開穗狀花或簇狀花，分量感十足的花卉植物，也充滿著存在感，能夠成為植栽空間的主角。

此外，兼具株高、株幅，能夠從周圍植物群中脫穎而出的植物，也足以擔任植栽空間的主角。

主要植物的挑選＆運用巧思

植栽氛圍因選種的植物種類與組合栽種方式而不同，儘管如此，對於庭園印象影響最深遠的其實還是植栽空間的主角。精心挑選符合植栽空間意象的花卉植物，打造更趨近於心中描繪的理想庭園吧！

將植栽空間主角納入庭園裡最容易吸引目光的部分效果更好。多年生草本植物中，花朵分量感十足，充滿無限魅力的種類非常多，難處是開花期間通常都很短。不過，組合栽種開花時期各不相同的植物，即可打造觀賞期間長久又精采無比的植栽。

足以擔任植栽空間主角的植物

花朵碩大的植物

陸蓮花

百合

金光菊

實例

矗立在花朵小巧的三色菫與銀葉菊花叢中，花朵碩大的鬱金香顯得格外引人注目。

花朵小巧，但開穗狀花或簇狀花的植物

天藍繡球

喬木繡球（Annabelle）

魯冰花

實例

開穗狀小花的大飛燕草。四周團團圍繞著其他植物，依然散發著獨特的存在感。

植株高挑，分量感十足的植物

秋牡丹

大葉醉魚草

藍鼠尾草（Salvia Azurea）

實例

植株高挑，枝葉茂盛的多年生草本深藍鼠尾草，株姿優美而足以擔任植栽空間的主角。圖中為Salvia Wish。

中介植物

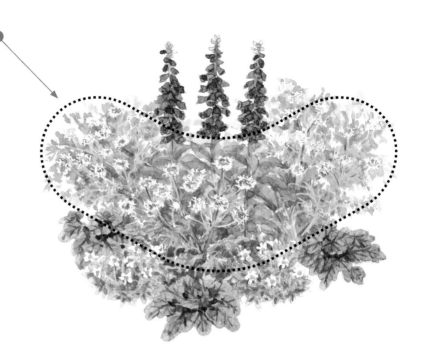

中介植物的功用

植栽空間只栽種華麗的主要植物時，易構成缺乏沉穩氛圍，感覺格格不入的庭園或花壇植栽。植物叢中穿插栽種，以連結各類植物，襯托主要植物的花，使植栽整體顯得更調和，這就是中介植物的主要功用。

適合庭園植栽的中介植物

花朵單獨看時並不是很顯眼，但組合栽種其他植物後，就漸漸地顯露出優點的花卉植物非常多。

相較於主要植物，組合栽種花朵較小，花型不同的中介植物，更能襯托主要植物的花。易分枝的多花類型植物，具備融合周邊植物，

連結其他植物的功用。將株姿優美，枝葉茂盛，枝頭上開滿小花的中介植物，配置在莖葉蓬勃生長而分量感十足的主要植物旁，整個植栽就顯得更有層次、更賞心悅目。以花與葉都漂亮的植物為中介植物，還能達到以葉襯托花的效果。

花朵小巧的植物，開花狀況通常比較好，而且花期較長，陸續開花。因此是花朵碩大，但花期較短的主要植物未開花期間，接續開花效果絕佳的植物。

中介植物的挑選＆運用巧思

相較於主要植物的花，以花色淡雅不搶眼的植物為中介植物，更容易統一整體色調。以葉色也漂亮的植物為中介植物，可使植栽空間顯得更精采。

類型效果

易分枝類型

芫荽

千日紅

金雞菊

實例

中段的粉紅色小花紅色剪秋羅就是此類型。花莖纏繞在相鄰的植物上而更融合,感覺更統一。

枝葉茂盛,枝頭上開滿小花的類型

四季秋海棠(小花類型)

香菫菜

海石竹

實例

前排的雛菊與羅丹絲菊就是此類型。與碩大花朵形成鮮明對比而顯得更有層次,更賞心悅目。

花&葉都漂亮的類型

摩洛哥雛菊

毛剪秋羅

藍蠟花

實例

中央的Lysimachia atropurpurea(Beaujolais)就是此類型。花與銀灰色葉都能襯托周邊的花。

13

彩葉植物

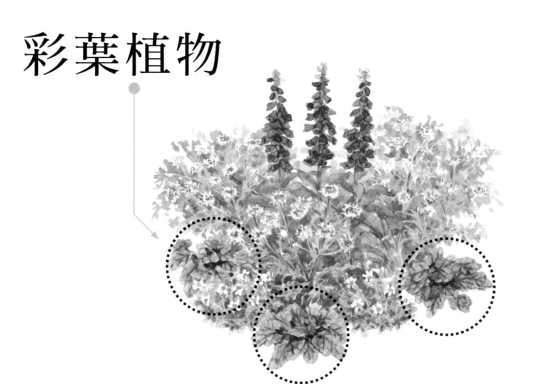

構成背景以襯托花。	這類植物	葉色漂亮。
形成重點色，豐富植栽表情。		葉形很有個性。
		葉色會隨著溫度或季節轉變。

彩葉植物的功用

　　彩葉植物的開花期間絕對不會太長久，但花期長短因植物種類而不同。常綠性彩葉植物的植株上，一年到頭都長著葉，即便是落葉性彩葉植物，葉存在植株上的時間也比開花期間長久。

　　採用葉色漂亮的彩葉植物，就能構成植栽背景，將花襯托得更耀眼，或以葉形成配色重點，打造能夠長期間欣賞漂亮色彩變化的庭園或花壇。

彩葉植物的挑選＆運用巧思

　　雖說屬於觀葉植物，但組合栽種彩葉植物的效果大到甚至能改變人們對花的看法與印象。採用時，留意組合栽種的分量與整體協調美感吧！

　　除留意葉色外，葉片大小與形狀也是重大要素。葉片越大越平面，越能清悉地呈現葉色，因此可更確實地欣賞葉色，感覺越沉穩。葉裂越深或葉片越狹窄的葉片，越容易隨風搖動，感覺越纖細。越是密生小巧葉片的植物，葉色越能映入眼簾，但感覺還是比較纖細。

　　從葉片觸感或外觀上領略到的質感（texture）也是很重要的要素。表面布滿纖細綿毛，摸起來毛茸茸的葉片，感覺就很柔美。另一方面，表面具光澤感與形狀尖銳的葉片，則比較缺乏柔美感覺。

　　組合栽種春天萌芽，秋季紅葉等類型植物，就能欣賞到隨著季節變遷的葉色變化之美。

各類型彩葉植物的組合栽種效果

Silver（銀白色）

感覺明亮柔和，可使鮮豔花色顯得更柔美。近似白色的無色彩顏色，容易搭配任何花色的植物，但顏色不像白色那麼明亮，因此感覺比較沉穩。可大致分成明亮的銀葉（Silver Gray）與略帶藍色的銀葉（Blue Gray）。

銀葉菊（Cirrus）

銀旋花

寬葉蘇

Bronze（銅色）

充滿優雅成熟韻味的葉色。可使太鮮豔的植物看起來較沉穩，使淺色組合感覺更凝聚。配置在色彩明亮或鮮豔的植物旁，就會因為色彩對比效果，呈現出令人驚豔的景色。分量太多時，易使植栽整體顯得較黯淡，或遠看時庭園植栽好像出現黑洞，因此建議少量納入以形成重點色彩。

紫葉風箱果（Little Devil）

紅竹葉（Red Star）

礬根（Dolce Blackberry Tart）

Lime Gold （萊姆金）

照射到陽光般明亮的葉色。加入同色系、類似色系的黃色或橘色植物群中，黃色或橘色的感覺增強。搭配補色（對比色）的藍色系植物，就會產生對比效果而顯得更鮮豔。大量使用時，易失去沉穩氛圍，因此建議搭配其他葉色的植物等，留意色彩搭配協調性。

金絲桃（Gold form）

紫金蓮（Desert Sky）

女貞（Lemon & Lime）

葉斑

可使植栽顯得更明亮、更有個性。葉斑面積越大，感覺越明亮清爽。細小葉斑則鮮明亮眼，散斑狀葉斑則充滿纖細感。從白色、乳白色到黃色，葉斑顏色多采多姿。邁入冬季後，葉斑部分轉變成紅色的植物也不少，隨著季節而出現的葉斑變化更是美不勝收。多用時易使植栽空間顯得太繁雜，因此建議重點使用。

桂竹香（Cotswold Gem）

紅葉木藜蘆（Makijaz）

大花新風輪菜（Variegata）

地被植物

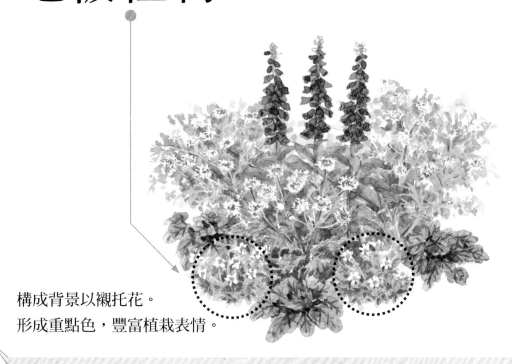

構成背景以襯托花。
形成重點色，豐富植栽表情。

調整植栽前方部分，
使整體顯得更美觀。
一年四季都覆蓋著地面。

這類植物

常綠性植物，栽種後全年皆可欣賞。
莖葉纖細，緊密地覆蓋著地面。
耐踩踏。

地被植物的功用

植栽空間的最前方是視線最容易到達的部分。將這部分調整漂亮後，即便後方的植物有點雜亂，或冬季期間植物數量減少，也不太容易感覺得出來。

植株低矮的地被植物（覆蓋地面似地蔓延生長的植物）就是調整這部分植栽空間效果最好的植物。本書就是將這類植物視為地被植物。

葉覆蓋相當範圍後，後方植物看起來更清新舒爽。地被植物也適合像萱草屬植物般，用於覆蓋葉片挺立的植物腳下地帶，或覆蓋因季節而地上部分消失的植物周邊地面。

地被植物的挑選＆運用巧思

挑選耐暑性、耐寒性皆強的常綠性植物，像玉簪般，配置在一到冬季地上部分就枯萎的植物周邊，冬季期間，庭園植栽就不會顯得太蕭條。地被植物與栽種後不需移植，開花期間很短的球根植物的搭配性也非常好。以葉色漂亮的植物，為植栽前方部分增添色彩，還具備襯托後方花色的功用，以及與各類型彩葉植物形成絕妙色彩搭配的效果。

地被植物最適合用於填補庭園通道、花壇之間與腳踏石的縫隙間等庭園中隨處可見的小空間。可柔化石材、磚塊等硬體印象，使庭園景致顯得更自然柔美。這類植物通常扎根較淺，因此也是坡面或植株基部等，不容易栽種一般草花場所最活躍的植物。

類型效果

常綠性，不需移植

黃花野芝麻

黃水枝

小蔓長春花

實例

姿態優美，一整年都覆蓋著地面，球根植物地上部分消失後，立即替補空缺的植物。圖為地被婆婆納（Georgia Blue）。

莖葉細小，緊密覆蓋地面

夏雪草

黃金錢草（Aurea）

白玉草
（Druett's Variegata）

實例

種於植栽前方，緊密覆蓋地面，發揮草坪般效果，使後方植物顯得更漂亮。圖為台灣珍珠菜（Midnight Sun）。

耐踩踏

鴨舌癀

馬蹄金

白花匍莖通泉草

實例

耐踩踏的植物，庭園通道的枕木或鋪石的狹小縫隙間也適合採用。

充分考量四種類型的組合

1
以鬱金香為主角的
春季庭園

以量感十足的重瓣鬱金香為主角的春季植栽。以花色酷似鬱金香的路邊青與香菫菜為中介植物，營造統一感而充滿柔美氛圍。以同樣為中介植物的淺粉紅色雛菊營造清新舒爽感覺。花因為地被植物銅葉珍珠菜的襯托而顯得更突出耀眼，高寒菫菜的紫色花成了重點。

主要植物
鬱金香（La Belle Epoque）

彩葉植物
攀根（Stoplight）

中介植物
雛菊

地被植物
高寒菫菜

中介植物
路邊青（Mai tai）

中介植物
香菫菜（Angel Terracotta）

地被植物
台灣珍珠菜（Midnight Sun）

18

充分考量四種類型的組合

2

花＆葉都漂亮
中介植物最活躍的庭園

6月，主要植物為杏色毛地黃。以開淺紫色小花的吊鐘柳為中介植物，使整個植栽顯得更柔美，再以同為中介植物的石竹、矢車菊、台灣珍珠菜的黝黑色花色，增添優雅趣味。深色花與銀葉的對比也美不勝收。再以彩葉植物攀根（Stoplight）的萊姆色為配色。鋪石縫隙間栽種地被植物台灣珍珠菜，柔化了石材的堅硬印象。

主要植物
毛地黃

中介植物
吊鐘柳（Smallii）

中介植物
矢車菊（Black ball）

中介植物
Lysimachia Atropurpurea（Beaujolais）

彩葉植物
攀根（Stoplight）

地被植物
台灣珍珠菜（Midnight Sun）

中介植物
長蔓鼠尾草

中介植物
石竹（Black Adder）

19

3

主要植物粉紅繡球花
組合栽種顏色漂亮的彩葉植物
顯得更清新脫俗

經過花後修剪，就不斷地開花至秋季的主要植物粉紅繡球花，組合栽種耐夏季炎熱天氣能力強的植物後構成的植栽。白色繁星花成為中介植物，為植栽空間增添柔美、明亮氛圍，萊姆色彩葉植物、繡線菊與鞘蕊花使整個空間顯得更明亮。再加上藍紫色的天使花的色彩對比效果，而營造出清新舒爽感覺。搭配顏色深濃的銅葉牽牛花，使植栽腳下部分顯得更凝聚。

中介植物
天使花（Serenita）

主要植物
粉紅繡球花

彩葉植物
鞘蕊花（扦插）

彩葉植物
粉花繡線菊（Gold Frame）

中介植物
繁星花（Graffiti）

地被植物
牽牛花（Scissor Bronze）

充分考量四種類型的組合

4

以葉色深濃的彩葉植物
降低色彩，增添優雅氛圍
以免主要植物的紅色花顯得太豔麗

以紅色為主題顏色的植栽。以夏季期間依然持續開花，營造出分量感的木本秋海棠為植栽主角，再以不同花型的中介植物繁星花，襯托秋海棠花。降低色彩以免花色太豔麗。前方栽種彩葉植物銅葉礬根、黑葉鴨兒芹、黑龍，左邊加入酒紅色鞘蕊花。以種在最前方，葉面上有胭脂色紋路的萊姆色彩葉植物鞘蕊花為重點。

彩葉植物
鞘蕊花（Vintage velvet）

主要植物
大花秋海棠

彩葉植物
礬根（Palace Purpule）

中介植物
繁星花（Graffiti）

彩葉植物
鞘蕊花

彩葉植物
黑葉鴨兒芹

彩葉植物
大葉麥冬（黑龍）

活用植物的類型原理打造喜愛的庭園

打造喜愛的庭園前，除了深入理解植物的類型原理外，還必須了解色彩效果，以擬定最符合植栽空間的年度植栽計畫。接著介紹實際採行的方法吧！篇幅中將一併介紹栽種、日常維護整理方法。

打造庭園的步驟

從擬定計劃至栽種植物

1

確認庭園狀況 整理欣賞方式

先確認地區氣候、庭園環境等，配合狀況，整理出自己想要的庭園欣賞方式吧！這就是擬定植栽計畫的重要基礎。

→ **P26** 著手打造庭園前確認吧！

2

決定主要花卉植物 （植栽主角）

由自己想栽培的植物中，找出足以擔任植栽主角的花卉植物吧！挑選時，最重要的當然是必須配合植栽場所的氣候與日照條件。植栽場所的範圍大小與形狀各不相同，選到的主要植物可能不太適合該場所栽種，因此，植栽空間狀況必須一併納入考量。庭園氣氛毫無變化，再也無法滿足於這種情形的人，不如乾脆挑選截然不同的花卉植物吧！

→ **P8** 了解植物的四種類型後組合栽種吧！

→ **P48** 配合空間思考植栽方式

3

配合意象 決定配色

色彩是決定庭園第一印象的重大關鍵。決定配色前，先將自己對庭園的想像化為顏色，審慎思考希望採用哪種配色方式、希望以什麼顏色的植物搭配主要花卉植物吧！

→ **P28** 植栽的整體氛圍取決於挑選顏色

為了順利地實現夢想打造喜愛的美麗庭園，先擬定周延的庭園植栽計畫吧！
計畫上必須具體地反映各種要素，
步驟也截然不同。
接著介紹由主要花卉植物開始決定的方法。

4

挑選可襯托
植栽主角的植物

充分考量步驟3決定的配色後，依據開花期與觀賞期，依序挑選適合與主要花卉植物組合栽種的中介植物、彩葉植物、地被植物。清單上盡量多列一些植物，再挑選出可組合栽種出絕佳協調美感的植物吧！挑選時充分考量植栽空間的特性、面積、形狀等，以打造更富魅力的植栽。

→ P8　　了解植物的四種
　　　　　類型後組合栽種吧！

→ P48　　配合空間思考
　　　　　植栽方式

5

規劃更換植栽週期

步驟4決定的組合植栽期間非常短暫。希望一年到頭都能欣賞庭園美景的人，必須充分考量打造庭園時自己能付出多少時間與心力（＝工時），與希望打造的庭園意象，先決定更換植栽的次數。決定後配合該次數，審慎思考各季節的組合植栽方式。同時，決定更換植栽的植物，規劃更換植栽週期，擬定周延植栽計畫。每個季節都改變配色的方式也值得採用。起初，先從簡單的週期開始，構成植栽後，再以長期計畫，慢慢地增加次數。

→ P36　　規劃更換植栽週期，
　　　　　打造漂亮又不必花太
　　　　　多時間維護整理的庭園

6

栽種

完成計畫後，終於可以展開栽種。第一次打造庭園，或大幅度變更至幾乎從零開始整理庭園的人，建議於11月份栽種。栽種後打造庭園計畫才實際地展開。確實地整理土壤後栽種植物，好讓植物健康地成長！栽種植物後，確實地作好日常維護整理工作吧！

→ P66　　栽種＆
　　　　　日常維護整理

打造庭園前
先確認吧！

開始打造庭園時，必須按捺住雀躍的心情，
先確認一下庭園環境，
同時，了解一下自己想要打造什麼樣的庭園吧！
感覺有點捨近求遠，但事實上，
這才是實現夢想，成功打造心目中理想庭園的捷徑。

了解當地氣候

植物的耐暑性與耐寒性因種類而不同，挑選適合環境的植物，才能順利地將植物栽培長大。栽種前先確認一下住家當地的冬季氣溫會下降至幾度，或夏季的炎熱程度吧！

栽種後能夠長年繼續生長的多年生植物中，不乏耐暑性較弱，種在夏季期間氣溫較高的地區，就很難度過炎熱夏季的種類，栽種這類植物時，最好當作一年生草本植物。相對地，耐寒性較弱的植物中則包括一到冬季就必須連根挖起，移入室內管理的種類。思考接替栽種的植物時，也必須先了解當地的氣候。

了解日照條件

適合栽種的植物種類也會因為全日照或半遮蔭等日照條件而大不同。從方位就能大致了解栽種場所的日照條件，但日照及遮蔭情形也會隨著季節或時段而改變。

住宅庭園的日照可能被建築物、圍牆、樹木等遮擋，遮蔭情形也很複雜。相同植栽空間也可能出現日照條件不相同的情形，因此必須深入地了解。

了解土壤狀態

住宅庭園的土壤排水狀況，易因建設過程中的大型機具等輾壓而變差。排水良好的土壤是植物健康長大所不可或缺。尤其是梅雨季節或夏季高溫潮濕狀態下，若排水狀況太差，就很容易因土壤太悶熱而導致植株弱化。

土壤中容易存在著瓦礫等雜物，確實清除後，混入堆肥或腐葉土等，充分翻耕，處理成鬆軟肥沃的土壤吧！

掌握植栽空間特徵

庭園空間通常都會規劃成許多區域，各區域特性不盡相同，既有人們較常看見的玄關前等場所，也有外面看不到之處。庭園的欣賞方式因不特定多數人都會看到的場所或居家私密空間而大不同。更充分地思考植栽空間特性，就能清楚地了解適合採用哪種植栽方式。

一併確認植栽空間的範圍大小吧！適合栽種的植物種類因植栽空間的寬廣程度而不同，配置方法也不一樣。同時，需要花時間整理的情形也大不同。

花朵繽紛綻放的初夏庭園。事前確認是打造美麗庭園至為重要的工作。

整理出希望欣賞的方式

希望打造什麼樣的植栽空間呢？想怎麼欣賞美麗的植栽呢？好好地思考這些問題吧！希望打造成隨時都繽紛綻放著美麗花朵的場所、還是初夏期間的多年生草本植物季節能夠賞花就夠了、或希望擁有一處種滿綠色植物的寧靜空間、抑或是希望打造能夠與家人和樂悠閒地享受美好時光的場所。挑選植物的種類取決於這些具體的意象，就能擬定具體的庭園建設計劃。

充分考量打造庭園時自己能付出多少工時

一開始就充分考量打造庭園時自己能夠付出多少工時至為重要。除更換植栽的次數之外，打造庭園所需時間還會因為栽種的植物種類、更換植栽的範圍大小、開花植物種類的比例等而不同。未清楚考量這些部分就貿然地擬定計畫，可能因為來不及維護整理，對打造庭園作業失去了興趣。認真地思考後，擬定一個具體採行時不會感到勉強的計畫吧！

將目前的庭園變得更有魅力

除了從零開始打造庭園的人之外，已經擁有庭園，但想將目前的植栽作些改變的人也非常多。

目前的庭園已經無法滿足自己，到底是什麼原因呢？一邊觀察，一邊重新檢視庭園吧！四種類型的植物是否協調地使用（P.8）、配色是否符合自己的意象（P.28）、花卉植物是否在自己最想賞花的時期綻放（P.36）、植栽是否符合該場所（P.48），一項項地確認吧！發現問題後，深入了解問題，擬定解決方案吧！一口氣換掉所有的植物也無妨，不想大費周章地這麼作的人，局部地改變植栽也能解決問題。

打造過庭園的人，一定累積了不少經驗，重新檢視各要點後，彙整出問題點，一定能打造一處魅力十足，充滿自己風格的庭園。

植栽氛圍取決於挑選顏色

花色、葉色對於庭園印象的影響非常大。
顏色的搭配方式與配置分量等也會改變庭園的氛圍。
了解色彩效果，將庭園當作畫布，
以花與彩葉植物，將庭園植栽意象具體地表現出來吧！

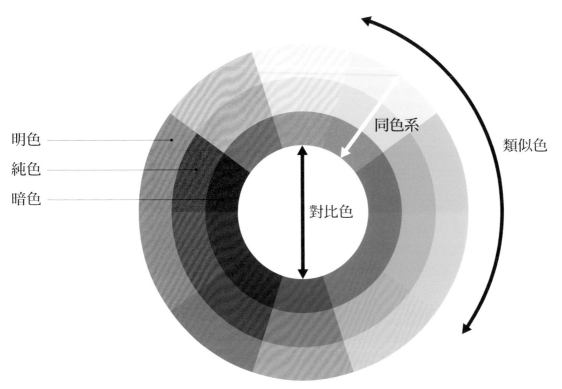

明色
純色
暗色

同色系

對比色

類似色

類似顏色依序並排成環狀，可清楚看出顏色的關連性。

了解顏色三要素

顏色具有色相、明度、彩度三大要素。
「色相」係指紅、黃、藍等顏色。紅色象
徵熱情，黃色代表活力，藍色感覺清爽等，每
個顏色給人的印象都不一樣。

粉紅色鬱金香與後方的魯冰花、淺杏色金魚草、銀葉菊，顏色與色調皆相近，而充滿調和美感。

充分運用調和與對比

配色方法非常多，搭配前建議先了解組合類似色而產生「調和」效果，與運用距離較遠的顏色而產生「對比」效果的方法。

組合類似色就能構成充滿調和美感，看起來凝聚又舒服的植栽。由相同顏色，但明度與彩度不同的顏色組合而成的「同色系組合」，容易調和，但易顯單調，不過，相鄰位置搭配明暗或彩度差異較大的植物，就能營造變化。由相鄰顏色組合而成的「類似色組合」，顏色較重，容易調和，還可運用顏色差異，適度地營造變化。

另一方面，組合栽種顏色、亮度、鮮豔程度等差異較大的植物，即可發揮對比效果而彼此襯托。採用色彩差異最大的對比色（補色）組合，就充滿明確、強烈又華麗的感覺，但易因各種顏色都太強烈而顯得不夠沉穩，因此，

搭配分量應審慎拿捏，以其中一種顏色為配色，更容易營造出整體感。添加同色系以拉大配色範圍，就能適度地柔化太強烈的色調。

對比

藍紫色的矮牽牛與萊姆色台灣珍珠菜（Lyssi）的組合。採用對比色而呈現出對比效果，感覺強烈又鮮豔的色彩搭配。

Tone（色調）效果

除了色相、明度、彩度三大要素之外，顏色的另一個要素為「色調」。組合明度與彩度後，即便色相（顏色）不同，兩者若共通，就會產生相同的氛圍。

打造庭園時，最好先了解Vivid（彩度高、明度中等）、Pastel（彩度中等、明度高）、Dark（彩度中等、明度較低）三種色調。

齊聚各種色調，感覺就很統一，缺點是易顯單調。加入對比色調，構成重點色，整個色彩搭配就會顯得更凝聚。不過，畢竟是重點色彩，因此搭配分量應盡量控制在整體的一成左右。

Vivid

鮮豔明亮的色調，活潑耀眼，充滿活力。遠看就很吸引目光，少量搭配就令人留下深刻印象。過度使用易缺乏整體感，宜減少搭配的顏色或植物的種類。添加明度高的白色，就能柔化鮮豔色彩，構成感覺清新又凝聚的配色。

Dark

略帶黑色的茶色與暗紫色，充滿沉穩高雅氛圍的色調。但搭配過多時，易顯暗沉，必須留意搭配分量。相鄰位置搭配明度或彩度較高的顏色，更容易構成充滿協調美感，色彩彼此襯托的植栽。

Pastel

淡雅色調，感覺明亮柔美。不管採用多少種顏色，看起來都不雜亂，但整體上易顯得不夠明確。添加深色植物作為重點色，感覺更有層次。可使狹窄場所顯得更寬敞，陰暗場所顯得更明亮。

充滿季節感的顏色

日本四季分明。隨著季節變遷的景色變化深受歡迎，從風景就能聯想到顏色，有些顏色更與季節活動息息相關。將這些顏色納入年度植栽計畫，就能欣賞到充滿無限風情的庭園美景。

—— 春 ——

植物萌芽的季節。從嬌嫩無比的嫩芽色、代表春天的花、粉紅色的櫻花等，就能想像出顏色明亮柔美、沉穩大方的Pastel粉嫩色彩。

—— 夏 ——

讓人聯想起烈日與酷熱天氣，紅色意象特別鮮明，搭配充滿解放感與舒爽感的藍色、黃色、橘色般的鮮豔色彩也很搭調。

—— 秋 ——

紅葉的季節。葉片變色，漸漸地褪色轉變成褐色或茶色等沉穩色調，這就是秋季的最佳寫照。深秋季節充滿著哀愁感，適合搭配紫色般的深濃顏色。

—— 冬 ——

讓人聯想起冬季草木枯萎蕭瑟景象及霜、冰、凝結空氣的藍、白等冷色調顏色，最具冬季意象。聖誕節與新年常用的紅色，也是冬季搭配色彩時不可或缺的顏色。

Pink

以粉紅色花為主角

| 粉紅色花特徵 | 充滿女性般柔美氛圍。
兼具華麗與高雅韻味。
色彩搭配範圍廣，顏色越淺，感覺越柔美，鮮豔奪目的粉紅色則比紅色更耀眼。 |

搭配紫色

粉紅色（大理花），加入紫色（香茶菜屬紫鳳凰），構成充滿典雅優美氛圍的植栽。加入的是藍色感覺較重的紫色，因此也散發著清涼感。其次，搭配銅葉（礬根），完成更有深度的配色。加入花色深淺與花型各不相同的兩種大理花，使植栽表情顯得更豐富。

搭配白色

搭配白花（雲南櫻草），淺粉紅色（鬱金香）浮出而顯得更耀眼，透明感提昇。以深粉紅色（陸蓮花）營造色彩的縱深感。搭配銀葉（天山蠟菊），使色彩搭配顯得更明亮、更高雅大方。前方加入顏色鮮明（礬根）的植物，整個植栽顯得更凝聚。

搭配杏色

以粉紅色夾雜黃色的杏色（藍眼菊、三色菫），搭配粉紅色（鬱金香），希望營造華麗優雅氛圍。但這樣的感覺還不夠優雅，因此加入銀葉（銀葉菊）作為中介植物，以萊姆色葉（粉花繡線菊[Gold Frame]）為重點色。

Blue

以藍色花為主角

藍色花特徵	清新優雅，充滿清涼感。 看起來往內縮的後退色，大量搭配分量十足的花，就能確實地突顯花色。 藍色花較少見，也加入顏色相近的紫色花，即可拓展色彩搭配範疇，完成更有深度的配色。

搭配黃色

NP-T.Maki

藍色（鼠尾草）旁搭配黃色（瑪格麗特、藍眼菊）對比色植物，產生對比效果，將藍色襯托得更耀眼，看起來更優雅漂亮。加入紫色（牽牛花、過長沙）後，色彩搭配範疇更寬廣。將黃色分量減少為藍色的一半以下，以免成為植栽空間主角。加入葉色明亮的斑葉植物（常春藤），藍色花顯得更耀眼。

M.Amano

搭配粉紅色

藍色（大飛燕草），加入充滿溫暖感覺的粉紅色（毛地黃），構成感覺更柔美溫馨的植栽。粉紅色為色彩鮮豔的顏色，易弱化藍色感覺。一起栽種幾株毛地黃般分量感十足的花卉植物，降低粉紅色量感。

搭配紫色

M.Amano

明亮紫色（風鈴草），搭配顏色相近的紫色（毛地黃），加入紫色的知性洗練感覺，完成充滿沉穩氛圍的植栽。搭配深紫色可使明亮藍色顯得更清新。明亮色彩看起來比較突出，搭配後形成遠近感，整個空間感覺更寬敞。

3

以黃色花為主角

Yellow

黃色花特徵	● 活力十足、朝氣蓬勃、充滿清新舒爽感覺。
	● 明亮、充滿光感、最先映入眼簾。
	● 有色幅※，檸檬黃色感覺清涼，鮮豔金黃色充滿奢華感。

※色幅：園藝用詞，指花瓣顏色或花朵斑紋變化。

M.Amano

NP-T.Maki

搭配杏色

搭配含粉紅色與黃色的杏色（囊距花），使特別耀眼的黃色（陸蓮花）變得更柔美，構成充滿蓬鬆柔軟氛圍的植栽。帶橘色的褐色（攀根）與銀葉（天山蠟菊），兩種顏色相互調和。

搭配橘色

加入夾雜黃色與紅色的橘色（香菫菜），黃色（金盞花）的色幅擴大，構成表情豐富，感覺更開放，活力澎湃的植栽。銀葉（銀葉菊）姿態優美，感覺清新，兼具黃色與橘色的雙色鬱金香成為配色重點。

©M.Amano

搭配白色

加入白色（鬱金香），使鮮豔黃色（金魚草、香菫菜）顯得更柔美，明亮感依然，但充滿柔美氛圍。銀葉（銀葉菊）也增添了柔美感覺。一起栽種幾株，花型與植株高度呈現明顯差異，即便色彩淡雅，感覺還是很有層次，令人印象深刻。

以白色花為主角

White

白色花 特徵	● 潔白無瑕，清新脫俗。 ● 無色彩，容易搭配任何顏色，不會改變顏色感覺，可連結、柔化色彩。 ● 膨脹色彩，挑選開花狀況佳，分量感十足的植物，觀賞價值大增。

統一採用白色的純白配色

充滿神聖、凜然氣勢般緊繃感的植栽。挑選連花瓣與花蕊都無色彩的植物，大大地提昇白色純度，再搭配銀葉（毛剪秋羅），整個色彩搭配顯得更明亮。組合大飛燕草、紫柳穿魚等，花朵、草姿各不相同的植物，以免顯得太單調。

搭配黑色

白色（毛地黃），搭配黑葉「礬根、春蓼、白蛇根草（Chocolate）」，白色花顯得更明亮，令人印象深刻。單色配色感覺洗練優雅、充滿成熟韻味。毛地黃的銀葉則充滿柔美優雅韻味。

搭配藍色

白色（鬱金香），搭配顏色清新的藍色（魯冰花），感覺更清新脫俗、水嫩純淨，散發著優雅氛圍的配色。明亮白色與沉穩藍色的對比也充滿著新鮮感。

精心規劃更換植栽週期
打造漂亮省時維護整理的庭園

希望隨時都能欣賞繽紛綻放的花，
卻又不能經常更換植栽……
規劃更換植栽週期，
就能滿足你的任性想法。
找出最適合自己的更換植栽週期吧！

將植物分成四大類後組合栽種

希望打造一處隨時都花團錦簇，富於變化的庭園，任何人都會懷著這個夢想吧！只不過，花有開花時期，希望庭園裡一年四季都能賞花，那就必須定期地更換植栽（改種移植）。更換植栽的次數越少，栽種的花卉種類就越少，賞花期間也越短。更換植栽必要工時，與栽種的花卉種類多寡、欣賞期間成正比。

話雖如此，充分了解植物的特性，於適當的時期進行，就能降低更換植栽必要工時，又能更長時期賞花。重點是必須針對栽種時期、花與葉的觀賞期，將植物分成四大類後組合栽種。P.37章節中對該分類方法將有詳盡的解說，P.38以後章節中將介紹更換植栽週期計畫。篇幅中將針對更換植栽必要工時，分成三個階段，詳細介紹計畫，提供給讀者們參考。

適合於庭園中欣賞的植物分類

本單元係針對適合於庭園中欣賞的植物進行分類，將草花分成開花、形成種子後結束一生的一年生草本植物，與能夠長年繼續生長的多年生草本植物（多年生草本植物、球根植物）。

雖說是草本植物，其耐暑性、耐寒性都各不相同，只有耐得住栽種場所的炎熱與寒冷天氣，才能繼續地種在原地。不耐夏季炎熱天氣，反之，不耐冬季寒冷天氣的植物非常多。這類植物必須適時地更換植栽，打造漂亮庭園的夢想才能實現。栽種這類植物時，開花後挖出，擺在能夠避開酷暑或嚴寒天氣的場所管理，或視為一年生草本植物吧！

依據利用類型分類

Ａ 可一直種在原地的植物

耐暑性、耐寒冷皆強，體質強健的多年生草本、球根、灌木等類型植物。種類因栽種地區環境而不同。多年生草本植物栽種後，草姿變化相當大，選種前最好先深入地了解栽種多年後的株高與株幅。

‧紫錐花‧聖誕玫瑰‧攀根‧水仙‧百里香等

Ｂ 限定期間 但可長久欣賞

即便長期間開花的一年或多年生草本植物，也可分成不具耐暑性與耐寒性的種類。可針對開花時期或葉的觀賞期，分成兩大類。栽種後就構成美化庭園的基礎，重點是，必須挑選體質強健，開花狀況良好，炎夏或寒冬也持續開花，或葉片永遠都維持漂亮狀態的種類。
趁春季或秋季栽種，即可讓植物在絕佳狀態下度過夏季與冬季。

Ｂ① 秋季至春季可欣賞花與葉的植物。
11月栽種。
三色堇‧香菫菜‧紫羅蘭‧金盞花

Ｂ② 春季至秋季可欣賞花與葉的植物。
五月栽種。
秋海棠‧非洲鳳仙花‧天使花等

Ｃ 秋天栽種第二年 春季至夏季開花的植物

耐寒性強，耐暑性弱，於溫暖地區栽種難以越夏，初夏期間開花的多年生草本植物。秋天栽種後，植株持續地成長，越來越茁壯，半年左右就會開花，初夏開出漂亮的花朵。此類型植物包括栽種後若一直種在原地，下一季就會開出較小花朵的鬱金香，或球根易因夏季的炎熱天氣而損傷的貝母等，適合秋天栽種的球根植物。這類植物都必須於開花後拔出或挖出。

大飛燕草‧毛地黃‧鬱金香等

Ｄ 重點栽種 即可營造季節感的植物

季節交替時期大量出現園藝店的開花株，加入後即可營造季節變化，包括一年生或多年生草本植物。挑選分量十足的植株、長滿花蕾或開滿花朵的植株等，更容易融入已栽培長大的周邊植物。這類植物大部分為初春時期調控溫度後促進開花，或耐寒性較弱的植物，組合栽種時必須留意栽種場所。希望秋天栽種時，宜等暑氣完全消退後進行。

Ｄ① 春季花卉。3月上旬至中旬栽種。
瑪格麗特‧維吉尼亞紫羅蘭

Ｄ② 秋季花卉。9月上旬至中旬栽種。
大波斯菊‧菊花‧黃花咸豐草等

更換植栽週期意象圖

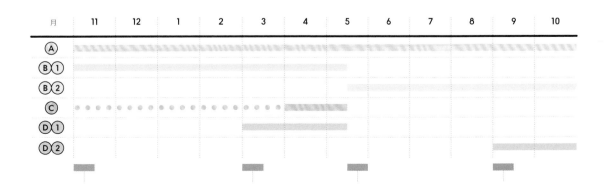

必要工時等級 1 一直種在原地 就能欣賞季節花

只使用 Ⓐ

栽種後不需移植，可種在原地好幾年，能夠欣賞季節花的植栽計畫。

適合一直種在原地，不需要移植的「A」植物，以耐暑性與耐寒性都很強的多年生草本、球根、灌木類植物為主。開花期間通常都很短，因此，組合不同開花期的植物，其中不乏開花期間較長的植物，建議挑選該類植物以構成植栽基礎。其次，利用葉色漂亮的植物，即便開花期間較短，還是能長久欣賞，建議積極地納入。

冬季期間地上部分枯萎的植物也非常多，組合栽種常綠性植物，以維持常綠狀態也很重要。植栽區域前方配置地被植物，美化植物腳下部分，後方栽種灌木以形成背景，冬季就不會呈現出枯萎蕭瑟景象。

這次計畫並未納入，但加入水仙等栽種後不需要移植，時序進入春季後就會開花的球根類植物，在初春時節還很少花的時期率先開花，就能大大地提昇庭園的觀賞價值。

多年生草本植物可種在原地好幾年，直到必須分株為止都不需要移植。決定配置時，必須審慎思考成長後的株高、株幅、形狀等狀況。

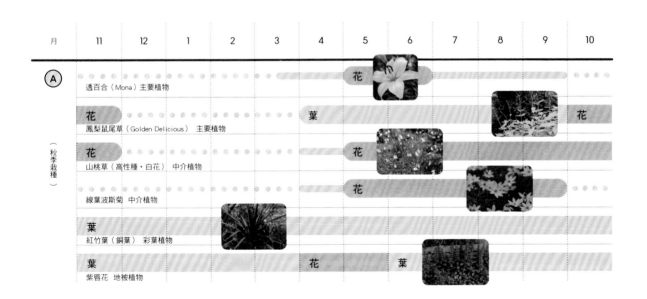

寬色帶：表示花、葉觀賞期 細實線：表示地上部分存在時狀態 虛線：表示地上部分消失後狀態（同P.40・P.42）。

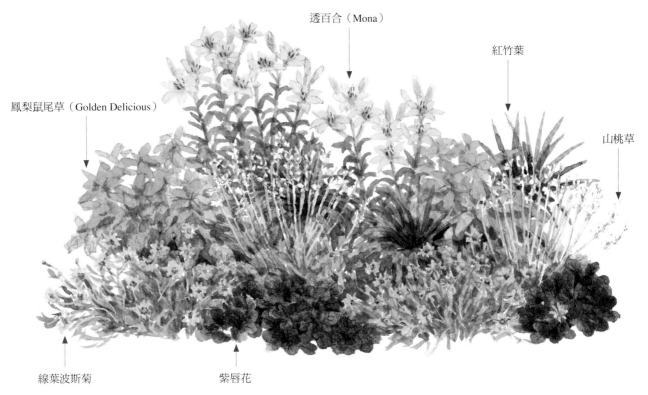

透百合（Mona）

紅竹葉

鳳梨鼠尾草（Golden Delicious）

山桃草

線葉波斯菊

紫唇花

6月份景況

山桃草與線葉波斯菊持續開花中，透百合開花，植栽景色頓時顯得華麗繽紛。紅竹葉與紫唇花的銅葉，與鳳梨鼠尾草的金葉形成鮮明對比，無花時期依然妝點著庭園。

10月份景況

山桃草繼續開花。植株大又茂盛的鼠尾草綻放朱紅色花，景色中充滿著秋意。冬季期間由紅竹葉與腳邊的紫唇花妝點著庭園。

每年更換植栽2次 美不勝收的庭園

(A) + (B)(1) + (B)(2) + (C)

推薦給希望一年到頭都能盡情地欣賞花，但不太有時間維護整理的人採行的植栽計畫。

以可一直種在原地的「A」植物形成植栽架構，11月加入可由秋季一直開花至春季的「B1」植物，5月加入開花期為初夏至秋季的「B2」植物，庭園裡就能一年四季持續開花。A植物開花期間通常都很短，相對地，比較容易感覺出季節變化。其次，加入秋天栽種後，初夏就能開出美麗花朵的多年生草本「C」植物，就能提昇觀賞價值，構成更富於變化的植栽。

B植物必須每半年改種一次，栽種面積越大，更換植栽必要工時越高，摘除殘花等作業也需要更多次。審慎考量A與B的栽種比例，維護整理起來就不需要耗費太大心力。多年生草本C植物只有初夏期間開花，建議重點栽種，適度地加在希望更賞心悅目的場所。

此計畫中並未採納，但種植B植物的部分場所也很建議組合栽種可一直種在原地的鬱金香（C）。栽種後維護整理必要工時幾乎不變，卻可大大地提昇春季期間的植栽空間精采程度。

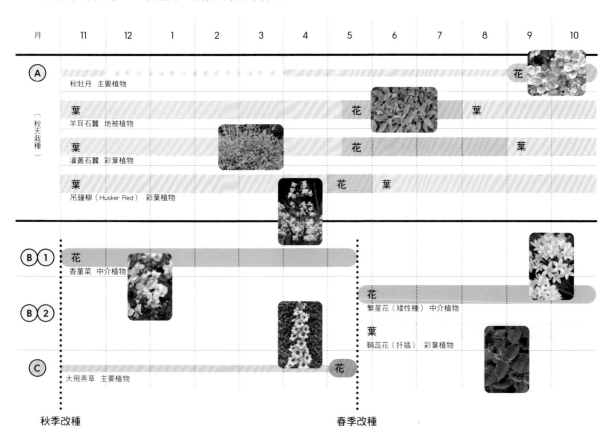

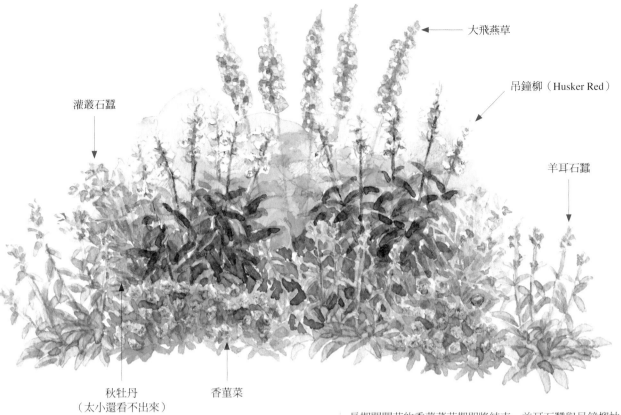

灌叢石蠶

大飛燕草

吊鐘柳（Husker Red）

羊耳石蠶

秋牡丹
（太小還看不出來）

香菫菜

5月中旬景況

長期間開花的香菫菜花期即將結束，羊耳石蠶與吊鐘柳抽出花莖，大飛燕草也開出令人印象深刻的花。香菫菜與大飛燕草花期結束後，即可展望夏季，展開更換植栽作業。

秋牡丹

鞘蕊花

繁星花

9月中旬景況

5月下旬改種的繁星花（接替香菫菜）繼續盛開著，鞘蕊花（接替大飛燕草）植株漸漸地長大，秋牡丹開始綻放。

3

每年改種＆補種2次
庭園裡隨時都花團錦簇

(A)＋(B)(1)＋(B)(2)＋(C)＋(D)(1)＋(D)(2)

必要工時等級2的植栽計畫，相較於等級1，花的分量增多，華麗感大幅提昇，但綜觀一整年狀況，變化減少，欣賞相同景色的時間增長。希望更進一步地營造季節感，多欣賞一些植物時，即便一小部分也好，納入「D1」的春季花卉與「D2」的秋季花卉植物吧！

季節交替的3月與9月，D類植物就會上市，

可於這個時期進行補種。於植栽空間的重要位置種上幾株，整體印象就會產生變化。挑選花色充滿季節感，或能夠成為重點色的植物，加入植栽空間，配色效果更好。本計畫係由P.40的必要工時等級2計畫，加上D1、D2後構成。

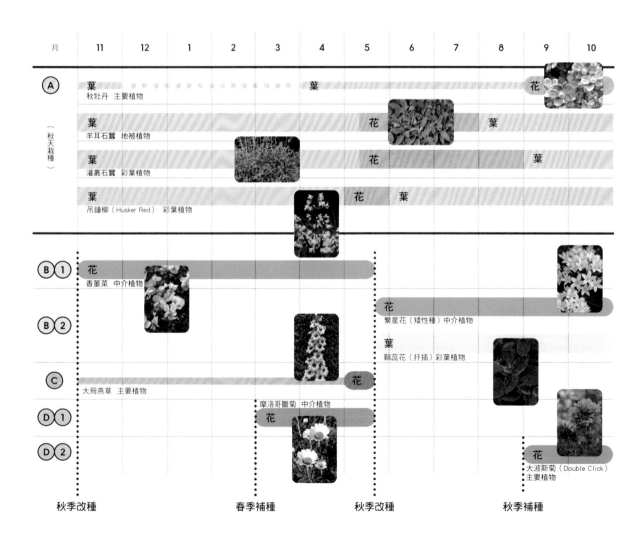

月	11	12	1	2	3	4	5	6	7	8	9	10

(A)（秋天栽種）

葉 ······ 葉 花
秋牡丹　主要植物

葉 花 葉
羊耳石蠶　地被植物

葉 花 葉
灌叢石蠶　彩葉植物

葉 花 葉
吊鐘柳（Husker Red）　彩葉植物

(B)(1)
花
香菫菜　中介植物

(B)(2)
花
繁星花（矮性種）中介植物

葉
鞘蕊花（扦插）彩葉植物

(C)
花
大飛燕草　主要植物

(D)(1)
摩洛哥雛菊　中介植物
花

(D)(2)
花
大波斯菊（Double Click）
主要植物

秋季改種　　春季補種　　秋季改種　　秋季補種

42

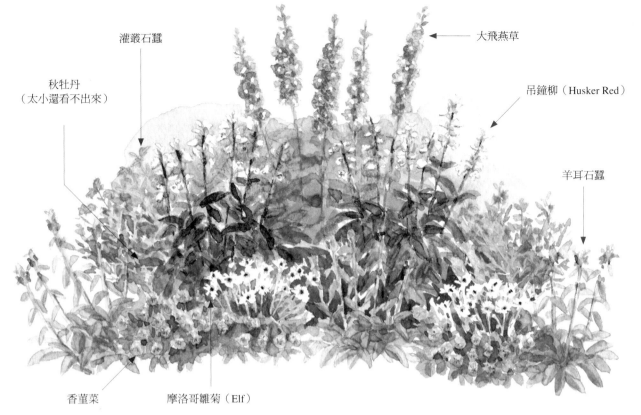

灌叢石蠶

秋牡丹
（太小還看不出來）

大飛燕草

吊鐘柳（Husker Red）

羊耳石蠶

香菫菜

摩洛哥雛菊（Elf）

5月中旬景況

大飛燕草或吊鐘柳等花卉類植物，搭配香菫菜與摩洛哥雛菊的組合也很華麗。摩洛哥雛菊是3月上旬拔除部分香菫菜後補種。

鞘蕊花

秋牡丹

大波斯菊（Double Click）

繁星花

9月中旬景況

9月上旬拔除部分繁星花，補種秋季花卉大波斯菊。秋牡丹加上大波斯菊後，秋天的氣息更濃厚。

擬定最適合自己的更換植栽計畫吧！

深入思考想打造什麼樣的庭園

更換植栽需要多少工時？如何更換可使植栽更賞心悅目？本單元係立於此觀點，介紹三種更換植栽週期計畫，但這只是其中一些實例。

庭園是人們能夠最近距離地接觸植物的場所。並不是「非這麼作不可」，重點是，必須是能夠讓自己置身於充滿喜愛植物的環境裡，心頭充滿著幸福感，家人們也感到很喜愛。人的喜好與想法各不相同，因此也有各種計畫。

先想想自己想打造什麼樣的庭園，有人想打造一年四季都繽紛綻放著美麗花朵的庭園；有人希望初夏時期庭園裡花團錦簇，但其他季節綠意盎然即可；有人則認為一到了冬季，能夠欣賞落葉景色也不錯吧！因此建議先想清楚自己最想打造的庭園型態。

依據能付出的工時擬定計畫

接著仔細想想打造庭園需要付出多少工時，除了更換植栽需要時間外，準備植物也很花時間，而且每天都必須維護整理。開花量越大，摘除殘花等作業相對增加，生長旺盛、恣意生長的植物，越需要修剪枝條等，維護整理工作越繁重。

打造心目中理想庭園需要付出多少工時呢？自己能夠付出那麼多時間與心力嗎？必須冷靜地思考。好不容易開始打造庭園，倘若因為自己忙不過來而感到厭煩，那就太遺憾了。因此必須依據自己能夠付出的工時，擬定最適合自己採行的計畫。

減少更換植栽的次數，只靠這個方法還無法降低打造庭園的必要工時。需要更換植栽部分（B・C・D）的分量越少，必須付出的時間

立於庭園建設觀點，看一年生草本・多年生草本・灌木植物的優缺點

一年生草本植物	○	以開花期間較長的植物佔多數。
	○	花色豐富。
	△	需要更換植栽。
	△	大部分植株低矮，比較缺乏分量感。
多年生草本植物	○	草姿不同，富於變化。
	○	可一直種在原地（僅限耐暑性、耐寒性較強的植物）。
	△	通常開花期間很短。
	△	冬季期間地上部分枯萎，庭園呈現蕭瑟景象。
灌木植物	○	可營造草花（一年生或多年生草本植物）無法呈現的分量感與立體感。
	○	耐強剪植物可配合目的調整姿態。
	△	枝條健康成長的植物易出現徒長現象。
	△	一旦扎根就不容易移植。

與心力也越少。譬如說，稍微花點心思，將大部分植物栽種後可一直種在原地的 A 構成的植栽，改成每年只需要稍微變動，更換2次植栽的 B，就不需要花太多時間維護整理，就能打造隨時都開著花的庭園。以重點栽種就能營造季節感的D植物，取代長久持續開花的B植物，這種方法也很值得採用。減少開花種類的分量，就能省下摘除殘花等維護整理的時間。

了解植物的特徵

對植物的了解也很重要。一年生、多年生、灌木等植物各具特徵，立於享受庭園植栽樂趣觀點，植物各有優、缺點。「怎麼會這樣呢？」了解植物特徵後挑選，就比較不會碰到這種情形。組合栽種時，還可靠其他植物互補缺點，打造更富魅力的庭園。P.44已彙整出一年生、多年生、灌木等植物的優點與缺點，提供給讀者們參考。

製作年度栽培行事曆
以確認計畫的採行效果

擬定植栽計畫時，如P.44插圖般，製作年度栽培行事曆，清楚地記載花色與葉色吧！每一個季節的配色情形與開花時期等一目了然，可清楚看出需要或可以刪減掉哪些植物。

將實際採用過的計畫確實地保存下來吧！其次，詳細記載開花時期，以相機拍下栽種後與栽培期間的情況，清楚地留下記錄，前一年的庭園經驗就成了第二年擬定計畫時的寶貴資料。

擬定植栽計畫時，製作年度栽培行事曆，清楚記載花色與葉色，就能一目了然地看出植物的四種功用，了解能否互補缺點，開花時期或花色搭配等是否恰當。
❶秋牡丹（主要植物）
❷灌叢石蠶（彩葉植物）
❸吊鐘柳（Husker Red）（彩葉植物）
❹香菫菜（中介植物）
❺鞘蕊花（彩葉植物）
❻花
❼銀葉
❽花
❾銅葉
❿花
⓫花
⓬橘色 葉

前一年秋末，栽種春季至初夏開花的植物（C‧耐暑性較弱的多年生草本植物或鬱金香），與能夠欣賞至春季的植物（B1‧香菫菜）。

春

春天來臨，鬱金香開花而成為植栽空間主角。庭園景色頓時變得華麗繽紛。種上一大片花朵碩大的單瓣鬱金香，也能構成清新優雅的植栽。妝點鬱金香腳下的中介植物是秋末栽種後，直到現在都還在開花的香菫菜。整個植栽空間充滿著粉紅色及紫色的柔美色彩。

初夏初期

淺藍色大飛燕草盛開，取代了鬱金香，成了植栽空間主角。前方的粉紅色地黃成了重點配色。易分枝，花朵小巧，陸續開花的紅色剪秋羅（Firefly）開始綻放，成為中介植物，連結毛地黃與其他花卉植物而顯得更協調。除了香菫菜之外，腳下的藍色超級鼠尾草也盛開。

初夏季節

氣溫上升的初夏季節，開花速度加快。接替大飛燕草似地，粉紅色毛地黃盛開，成了庭園植栽主角。白花毛剪秋羅盛開，連結藍色與粉紅色花。從藍色、紫色、到白色，縮小色彩搭配範圍，寬敞空間也能營造出統一感。

秋

一直種在原地的大理花（A）就是庭園植栽主角。隨處加入，開著圓形花朵的千日紅與矛狀花朵的青葙（野雞冠花）成了重點，使植栽整體顯得更統一。這些花都是配合耐暑性較弱、初夏期間開花、花期即將結束的多年生草本植物而栽種（B2）。植株高挑，開藍色花的深藍鼠尾草（A）營造出濃濃的秋意。

充滿空間考量的植栽

住宅內存在著各式各樣的植栽空間，
空間的範圍大小、形狀、場所的特性都不一樣。
植物的挑選、配置方式等也大不同。
本單元就來介紹充滿空間考量的植栽訣竅吧！

依據植栽空間差異挑選植物

住宅周邊存在著各式各樣的植栽空間，除了主庭園之外，設置在大門、玄關旁，或入口通道旁的植栽花壇等附屬設施，都能找到不少植栽空間。

每個植栽空間場所特性都不同，範圍大小、形狀也形形色色。希望打造吸引目光的植栽呢？還是感覺很溫馨的植栽呢？考量植栽時，先針對場所特性，仔細地思考自己最想要的欣賞方式吧！其次，必須依據植栽空間的範圍大小、形狀，選用不同高度、株幅、株姿等條件的植物。

同時，對於主要植物、中介植物、彩葉植物、地被植物該怎麼使用（請參照P.8「了解植物的四種類型後組合栽種吧！」，適合採用什麼樣的配色方式（請參照P.28「植栽氛圍取決於挑選顏色」）等問題也好好地思考吧！

繼而針對整體協調美感與植栽空間的最後處理狀態，思考該栽種哪種功用的植物與栽種的比例吧！

依據植栽場所特性
決定更換植栽週期

充分考量場所特性，想清楚是希望擁有一處隨時都整齊漂亮，還是不太需要整理的植栽空間，就能夠清楚地了解到該栽種哪種功用的植物，如何決定更換植栽週期（請參照P.36「精心規劃更換植栽週期，打造漂亮又不需花太多時間維護整理的庭園」）。

植栽的欣賞角度也好好地考慮吧！以庭園通道旁的植栽為例，栽種植物時若意識著視線的移動方向，完成的植栽自然就能引導人們的步伐。

P.50起對於各種形狀的空間該如何植栽將有詳細的介紹，提供給讀者們參考。

住宅整體協調性也必須充分考量

除了考量各個植栽空間外，住宅整體協調性與欣賞方式也必須思考。改變各植栽場所的顏色，就能營造出不同的特色，令人印象更深刻。其次，所有植栽場所都維持著相同的美麗景象是非常困難的事情。有些場所始終維持著美麗景象，有些場所能夠隨著季節開出美麗的花就夠了，針對每個植栽場所排定先後順序，改變植栽空間的花比例、栽種的植物種類、栽種比例，每個植栽場所就會顯現出不同的特色。

庭園是人們能夠最近距離地欣賞植物的場所。擬定實際採行時完全不會感到勉強的維護整理計畫，好好地欣賞植物，珍惜在庭園裡度過的美好時光吧！

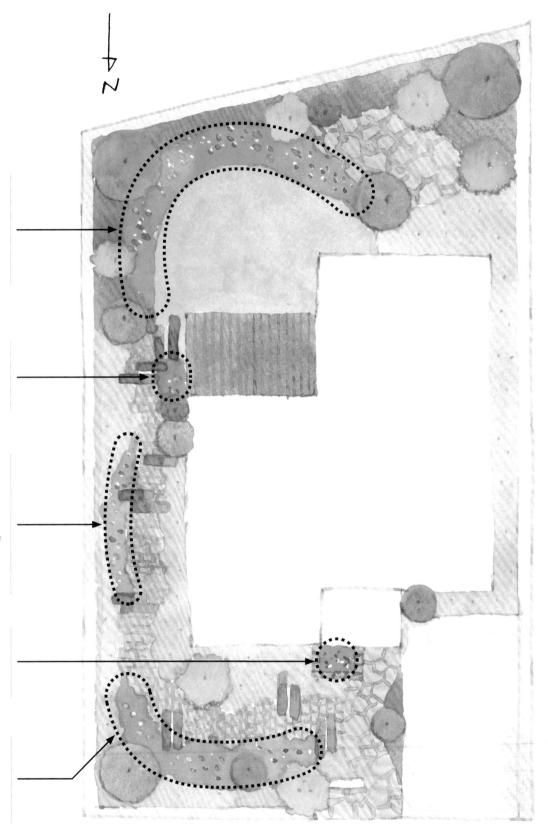

比較寬敞的
植栽空間

以主庭園為主。
範圍大小、形狀、
環境等形形色色。
→P.50

小角落

可能設置在
建築物角落上的
植栽空間。
→P.58

通道旁的
細長植栽空間

除此實例外，
玄關前的入口門廊
兩側規劃植栽空間的
情形也很常見。
→P.54

小角落

玄關或門扇周邊等
場所最常見。
→P.58

遮蔭空間

樹木底下或建築物的
遮蔭處等場所的
植栽空間。

住宅周邊存在著各式各樣的植栽空間。各植栽空間的形狀、範圍大小、特性等都不一樣，植物的選法與植栽方法也不同。本單元將植栽空間分成四種類型，分別介紹該植栽要點。上圖為其中一例。各住宅都有各自的植栽類型。

比較寬敞的植栽空間

場所特徵	● 住宅建地內的主要庭園（主庭園）。 ● 以高大喬木為背景，建物前可能鋪草坪。 ● 坐北朝南，陽光充足。

組合栽種三種高度的植物

植栽場所範圍達到相當程度，能夠栽種高挑的植物，因此可活用植株高度，組合栽種低、中、高等不同高度的植物。由植栽空間前方朝著後方，依序配置較低、中等、高挑的植物，試著構成帶狀庭園風吧！縱深1m、寬2m左右的植栽空間，就能採用此組合栽種方式，但需視使用的植物種類而定。

希望欣賞各種植物的特色，盡情地享受整體上充滿調和氛圍的植栽醍醐味，因此於相鄰位置組合栽種花色、花型、植株整體外觀各具特色的植物。針對草姿差異、花朵大小、花朵形狀等，進行主要植物、中介植物、彩葉植物、地被植物分類，透過該分類，於相鄰位置配置不同功用的植物，就能構成充滿協調美感的組合。其次，組合栽種太多種類的植物時，易欠缺統一感，因此建議減少組合栽種種類，將相同植物用於好幾處植栽空間，避免只種在一處。

一起栽種以強調個性

任何植物一起栽種3株以上，就能強調外形、花型、花色。構成庭園植栽的主要植物，同時栽種五株左右，更加地突顯印象。訣竅是描繪三角形似地組合栽種，避免橫向排成一列。採用此組合栽種方式，就能增加主要植物與相鄰植物的接觸面，增添植物的重疊變化，以及因為欣賞角度不同而看到更多的精采畫面。

宛如雛偶展示台，依高矮順序井然有序地排列，看起來就很整齊美觀，但構成的植栽比較缺乏趣味性。建議將植株高度中等，但像耬斗菜般，植株基部枝繁葉茂，花莖挺立的植物配置在植栽空間的前方。這麼一來，既可增添變化，又能透過花莖，隱約地欣賞後方植物，構成更具縱深感的植栽。

少使用顏色數

即便空間夠寬敞，若栽種太多花色的植物，也會顯得很繁雜，因此除了主要植物的花色外，使用的植物顏色最好控制在兩種左右。一起栽種深淺顏色的植物，再加入重點色約一成，即可使整個植栽顯得更凝聚。以淡雅花色為主的植栽，最容易出現色彩模糊的現象，打造這類植栽時，重點加入花色深濃的植物吧！

植株高挑的多年生草本植物種類非常多，開花期間以初夏與秋季為主。大部分種類開花期間也很短，因此，必須充分考量花的季節，擬定最適當的組合植栽或更換植栽計畫。

將草姿與花型各不相同
的植物配置在相鄰位
置。外形更顯眼，令人
印象更深刻。

將構成植栽的主要植
物，配置在能夠聚集視
線的位置，一起栽種好
幾株，更能吸引目光。

由植栽空間的前方朝著
後方，依序配置低、
中、高等不同高度的植
物。相鄰位置配置不同
高度的植物以營造變
化。

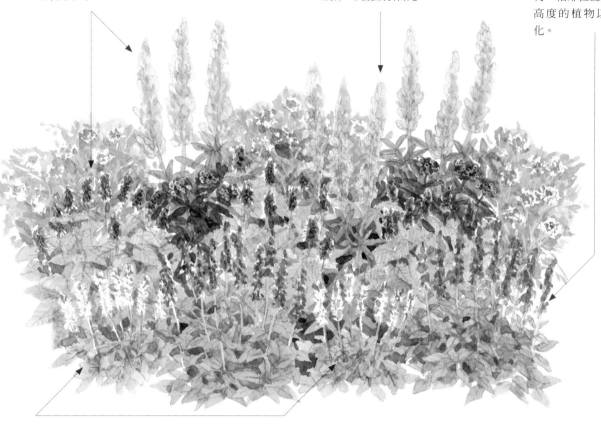

將相同的植物配置在好
幾處，以營造空間的整
體感。

即便植栽空間夠寬敞，還是應避免使用太多顏色。空間主
角是黃色魯冰花，組合栽種類似色金黃葉藿香而感覺更鮮
明，再以對比色的藍色鼠尾草襯托花色。黑花石竹就是配
色重點。

將植物配置成三角形。
植物的重疊樣貌因觀看
的角度而大不同，可欣
賞到不同的景色。

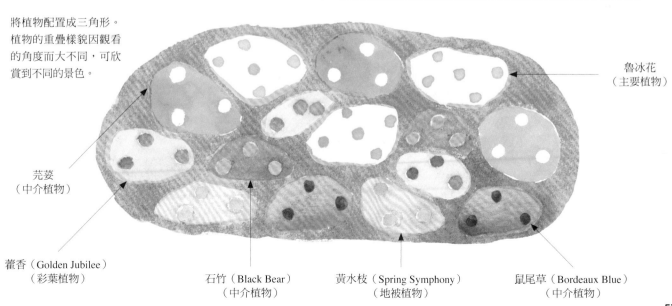

魯冰花
（主要植物）

芫荽
（中介植物）

藿香（Golden Jubilee）
（彩葉植物）

石竹（Black Bear）
（中介植物）

黃水枝（Spring Symphony）
（地被植物）

鼠尾草（Bordeaux Blue）
（中介植物）

比較寬敞的植栽空間
實例

場所夠寬敞時，植栽空間壟土形成高低差，即可使庭園表情更豐富。兼具臺階功能的庭園鋪石還可成為植栽空間的滾邊。

植栽空間主角大飛燕草（Aurora），花姿、花色都個性十足，一起栽種幾株而令人印象更深刻。

枝繁葉茂，長著黃褐色大葉的礬根（Caramel）成了重點色彩。

鋪石縫隙間栽種銅葉台灣珍珠菜（Midnight Sun），植栽風景顯得更凝聚。

茂盛生長的香菫菜也具備滾邊功用。妝點容易聚集視線的植栽空間前方，而充滿華麗氛圍。

以葉片碩大，枝葉茂盛的玉簪（主要植物）為背景，將外形截然不同的毛地黃襯托得更耀眼。

主要植物毛地黃（Silver fox），一起栽種幾株，以強調縱向生長的花姿。其次，因為栽種好幾處而使植栽空間充滿著整體感。

以白色為主題的白色庭園。以植物的外形差異與彩葉植物營造變化，整個植栽空間顯得更有層次。植栽空間範圍夠大時，除了栽種漂亮的花卉植物外，還可活用植物的外形、葉色差異，構成此類型植栽。

M.Amano

以開白花的多花類型銅葉峨蔘（Raven's Wing）為中介植物。花與葉都漂亮。

以種在前方的銅葉琴葉鼠尾草（Purple Volcano）（地被植物）襯托後方的白花。

通道旁的細長植栽空間

| 場所特徵 | 通往玄關的入口通道旁的花壇。
庭園通道旁的空間。
沿著道路的住宅建地內周邊空間。 |

打造不會妨礙通行的植栽

重點是必須打造完全不會妨礙通道行走的植栽。栽種成長速度快的植物時，易入侵通道而妨礙通行，栽種高挑的植物時，易因植株倒伏而阻擋通道或形成壓迫感，因此建議選種成長速度緩慢或植株小巧的矮性種植物。

其次，打造容易吸引目光的入口通道或玄關周邊植栽空間時，挑選體質強健，不需要花太多時間維護整理的植物，更容易維持美麗狀態。

主要植物也挑選植株低矮的種類

即便寬（長）度足夠，縱深通常都比較淺，這是此類型植栽空間常見的現象。栽種高挑的植物時，與植栽空間也很難形成絕佳協調美感。

以大約膝部高度的植物為主角，以植株低矮易分枝的植物為中介植物，就能構成充滿協調美感的植栽，但還是必須視空間實際縱深度而定。像樓斗菜般，挑選基部枝繁葉茂，花莖挺立的開花類型植物，草姿就不會顯得雜亂，

因此建議採用。

空間都栽種植株小巧的植物就不容易營造變化，因此建議於相鄰位置配置草姿不同的主要植物與中介植物。其次，兩種植物之間夾種彩葉植物，更容易營造出色彩變化。

前方加入地被植物，將容易吸引目光的部分整理得更漂亮，整個植栽就會顯得更美觀。此外，草姿與株高也會呈現出不同的變化。

重複組合植栽類型

這不是靜靜地站著欣賞，而是可以邊走邊欣賞充滿景致變化的植栽空間。重複組合植栽類型，就會產生絕妙律動感，讓人走起路來感覺更輕鬆愉快。

其次，空間後方重點加入高挑又能夠吸引視線的植物，或充滿分量感又足以擔任主角的植物，就會產生視覺效果，讓人充滿想往那裡走的心情。

庭園通道鋪上石材等而形成縫隙時，建議栽種耐踩踏能力較強的地被植物，即可柔化鋪石等堅硬印象，營造更自然柔美的氛圍。

以枝葉茂盛生長，植株頂端渾圓的植物為中介植物。栽種花莖挺立的植物更容易營造變化。

空間主角也挑選低矮的植物，構成感覺清新俐落的植栽。

不栽種高挑的植物，相對地，使用低矮的地被植物，巧妙地形成高低差。

重複組合植栽類型而產生律動感，讓人想繼續往前走。

秋天栽種。花朵碩大，持續開花的植栽空間主角金盞花，冬季期間以紫唇花與礬根增添色彩。春季加入樓斗菜與紫唇花，迎接花朵繽紛綻放的全盛時期到來。以藍色與2種黃色系的植物，增添清新舒爽印象。

即便空間狹小，栽種複數植株時，配置成三角形，看起來更自然。

樓斗菜（Barlow）
（中介植物）

金盞花（Coffee Cream）
（主要植物）

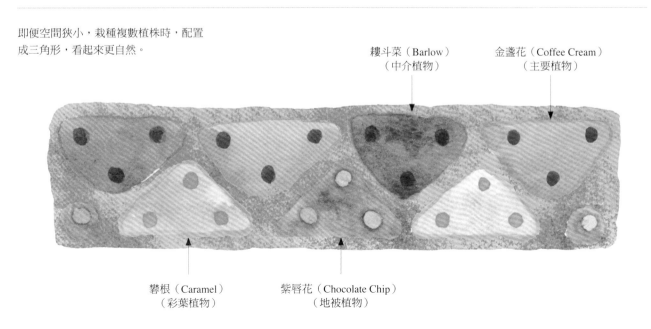

礬根（Caramel）
（彩葉植物）

紫唇花（Chocolate Chip）
（地被植物）

庭園通道旁的空間。初夏至秋季期間的植栽實例。以開花期間較長的草花為中心，就能構成隨時都很華麗的植栽。

銅葉鞘蕊花與蓮子草（彩葉植物）使整體顯得更凝聚。

避免妨礙通行，前方栽種蓮子草與四季秋海棠等，枝葉茂盛，株姿優美，不會恣意生長的植物。

以分量感十足的木本秋海棠為空間主角。重複配置相同植物就產生絕妙的律動感。

白雪木（中介植物）的白色包葉，使整個空間看起來更明亮。

以花穗充滿分量感的紫羅蘭為空間主角。

以高挑的歐石楠，更進一步地增添華麗氛圍與分量感，使整體顯得更統一。

通道旁的立體花壇。冬季期間也華麗繽紛，以開花期間較長的一年生草本植物為主。即便栽種多種花卉植物，鎖定花色（圖中為杏色），更有效地運用彩葉植物，看起來就很清新優雅。

組合栽種氣溫下降就變色的彩葉植物長蔓鼠尾草（Grace），整個空間顯得更凝聚。重複相同組合植栽類型以營造律動感。

春天來臨，鬱金香開花後接棒，成為空間主角。

以低矮砌石圍牆為背景，沿著庭園通道延伸的植栽。缺乏縱深感，因此栽種茂盛卻不會恣意生長的三色菫、香菫菜，在地面上爬行似地蔓延生長的紫唇花，挺立的鬱金香，以不同草姿的植物，構成富於變化的植栽。

紫唇花蔓延生長超過限度時，必須適度地截剪整理。

秋末至早春時期，三色菫成為空間的主角。

小角落

場所特徵	● 門扇周邊的植栽花壇與空間。 ● 介於通道與建物之間的狹窄空間。 ● 擺在庭園裡的栽培箱、水缽等設施周邊。

打造吸引目光
令人印象深刻的植栽

　　門扇周邊的植栽空間或花壇，建築物角落上的狹小空間，構成庭園觀賞焦點的擺設或栽培箱周邊植栽等小角落不勝枚舉。這些小角落空間狹小，容易規劃與維護整理，因此打造喜愛的庭園計畫，也很適合從這些小角落開始展開。

　　這些小角落都是構成居家門面、庭園觀賞焦點的重要部分，因此必須隨時維持最美麗的樣貌，即便空間狹小，還是必須規劃成能夠吸引目光的植栽空間。門扇周邊是賓客來訪時最先映入眼簾的場所。居家與庭園給人的第一印象，就是取決於該場所的植栽。

以常綠灌木與
一年生草本植物構成植栽

　　想打造能夠吸引目光又令人印象深刻的植栽，那就必須納入可構成植栽，成為空間象徵的主要花卉植物。其次，積極地納入彩葉植物，讓空間一年到頭都感覺很繽紛。繼而，邊緣直立的植栽空間前方，栽種垂枝狀地被植物，既可營造立體感，又能柔化邊緣的堅硬印象。

　　空間狹小，能夠栽種的植物數量受限，活用色彩對比，以構成令人印象深刻的小角落吧！

　　多年生草本植物不開花期間相當長，植株一年年地長大，越來越難組合栽種其他植物，因此不太適合種在這類小角落。建議以耐修剪的常綠灌木為植栽背景，由可依季節更換植栽的一年生草本植物，或將多年生草本植物視為一年生草本植物，構成這類小角落。

　　還可增加更換植栽次數，打造隨持都能欣賞美麗花朵，享受季節變化的植栽。小角落空間不大，頻繁更換植栽也不會太辛苦。

植栽花壇的顏色與質感
也必須顧慮到

　　花壇通常都不會連結著地面，規模越小，容量越少，土壤越容易乾燥，應避免栽種植株易長大或耐缺水能力較弱的植物。其次，植栽花壇狀似組合栽種植物的栽培箱。採用時留意顏色、質感與材質，充分考量組合栽種的植物，即可打造充滿整體感的小角落。

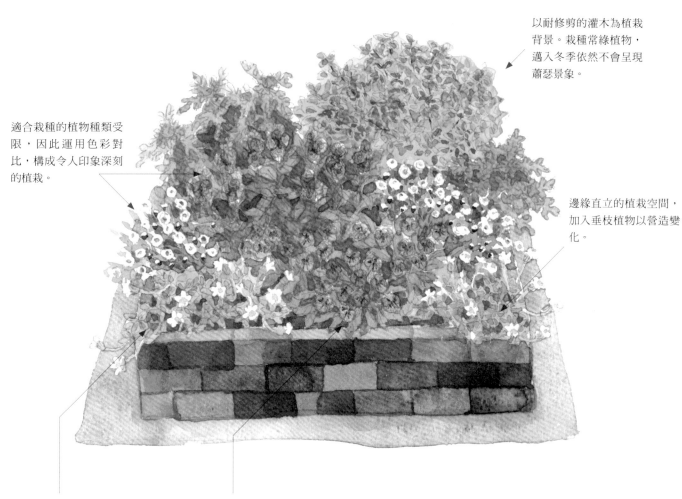

以耐修剪的灌木為植栽背景。栽種常綠植物，邁入冬季依然不會呈現蕭瑟景象。

適合栽種的植物種類受限，因此運用色彩對比，構成令人印象深刻的植栽。

邊緣直立的植栽空間，加入垂枝植物以營造變化。

冬季期間由葉片漂亮的地被植物妝點著植栽空間的前方。

以開花期間較長，季節過後能夠依序更換植栽的一年生草本植物為主，營造季節變化。

秋天栽種後，可欣賞至初夏的組合。以長著漂亮斑葉的常綠大花六道木為常綠植物的背景。以淺紫色紫羅蘭、白色羅丹絲菊的淡雅花色，將銀葉菊襯托得更清新脫俗。直到春天開花為止，白玉草的美麗斑葉也賞心悅目。

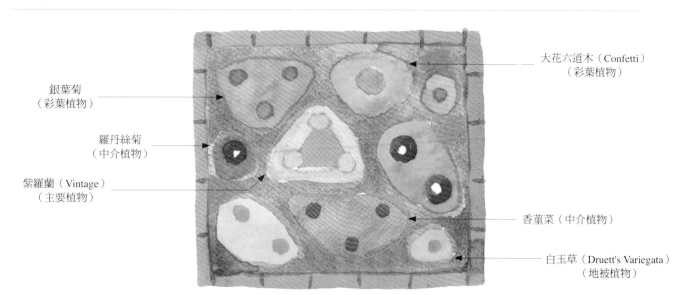

大花六道木（Confetti）
（彩葉植物）

銀葉菊
（彩葉植物）

羅丹絲菊
（中介植物）

紫羅蘭（Vintage）
（主要植物）

香董菜（中介植物）

白玉草（Druett's Variegata）
（地被植物）

小角落
實例

冬季期間也增添著色彩的攀根與長蔓鼠尾草（Grace）（彩葉植物）。

初春季節補種的陸蓮花（主要植物）。

再度盛開的金魚草（Twinny）（主要植物）。

冬季期間不斷地開花的雛菊與松蟲草（Blue Balloon）（中介植物）。

長出漂亮杏色新葉的攀根（Caramel）。

M.Amano

M.Amano

3月下旬

組合石材，於門柱前小角落打造的植栽。迎接賓客來訪的場所，頻繁地更換植栽，希望隨時都開著花。秋天栽種後一再地開花的雛菊與松蟲草，初春季節補種了花朵碩大的陸蓮花，希望成為植栽空間的主角。加入洋溢著春天氣息的主要植物後，華麗感頓時躍升。

5月上旬

春天氣息越來越濃厚，粉紅色雛菊與陸蓮花等花朵漸少，取而代之的是冬季期間修養生息後，隨著春天的腳步而盛開的杏色金魚草。攀根（Caramel）也長出漂亮的新葉，相同的植栽，顏色完全改變，成了黃色系配色，與藍色松蟲草的組合搭配，看起來更清新優雅。

以銅葉狼尾草營造律動
感。

白花日日春充分發揮色
彩對比效果。

長方形植栽花壇,剛完成植栽作業時的情形。大
理花的朱紅色花、青葙的花穗、辣椒的紅色果
實、葉色深濃的彩葉植物,讓人不由地聯想起熱
情的夏季。深紫色鞘蕊花旁,搭配植株高挑的白
花日日春,使顏色顯得更有層次。有效地運用色
彩對比效果,即可打造令人印象更深刻的小角
落。

M.Amano

以深紫色鞘蕊花增添沉
穩氛圍。

以植株小巧,但花朵碩
大,開著朱紅色花的大
理花為空間主角。

61

遮蔭空間

場所特徵	● 庭園裡的樹木下。 ● 建築物等設施或高大樹木的北側。 ● 建築物或圍牆等設施的遮蔭處。

半遮蔭環境也能欣賞花朵

除了庭園栽種的樹木會形成遮蔭處外，建築物、圍牆、相鄰的建築物等，住宅周邊會遮擋光線的設施比比皆是，隨處可見呈遮蔭狀態的場所。

簡稱為遮蔭，事實上，遮蔭時間還是會隨著季節與場所而改變，以這類場所為植栽空間時，必須留意這一點。太陽高掛的夏季，即便在高聳建築物的北側，有些時段還是能曬到太陽。落葉樹形成的遮蔭環境，樹葉落盡後，從秋末至春季，就成了全日照場所。其次，遮蔭時間也會隨著遮擋太陽的高度或方向而不同，因此，打造植栽空間前必須仔細地觀察。

適合種在遮蔭環境的植物很有限，這是很普遍的印象。事實上，挑選具耐蔭特性的植物，種在一天平均可照射2至3小時陽光的半遮蔭環境，依然能欣賞漂亮的花朵。種在全日照環境時，容易出現葉燒現象的斑葉彩葉植物，也很適合種在這種場所。

積極地使用彩葉植物

希望打造充滿華麗氛圍的植栽時，建議以具耐蔭特性的新幾內亞鳳仙花等花朵碩大的花卉植物為植栽空間的主角。以同樣具耐陰特性的夏堇等植物為中介植物，一起栽種幾株，更能營造出花的氣勢，打造更熱鬧繽紛的植栽。

適合採用的花卉植物種類有限，因此更積極地納入彩葉植物吧！花卉植物周邊，搭配不同花色與具備補色（對比色）功用的彩葉植物，或明度差異較大的觀葉類植物，就會產生對比效果而使花顯得更耀眼。利用葉片碩大的玉簪，就能營造沉穩氛圍，漂亮的斑葉紋路還會成為庭園的觀賞焦點。

使用2至3種不同品種，葉色與紋路變化各具特色的彩葉植物，更能彼此襯托、突顯特色。

遮蔭環境易充滿陰暗氛圍。除非想要營造出特別華麗的感覺，否則，挑選感覺明亮的白色或淡雅花色的植物，搭配具光感的萊姆色或斑葉類彩葉植物就會顯得很明亮。

熱帶性觀葉植物也推薦採用

季節若限定在夏季，不妨運用一下熱帶性觀葉植物，好好地欣賞一下葉片厚實又充滿存在感，葉上布滿清晰漂亮紋路，充滿異國情調的植物，此類植物適合於土壤溫度確實上升的五月份以後栽種。希望植物過冬時，必須於氣溫還很高的十月中旬之前挖出植株，種入花盆，移入溫暖明亮的室內維護管理。

適合半遮蔭環境使用的植物

種在遮蔭處也會開花的植物

四季蒾（Rubella）

早春開花。冬季期間可欣賞粉紅色花蕾（中介植物）。

風鈴草（Sarastro）

初夏開花（主要植物）。冬季期間地上部分枯萎。

白芨

植株基部枝葉茂盛，初夏抽出花莖後開花（中介植物）。

岩白菜

初春開花。常綠葉也賞心悅目（中介植物）。

可使遮蔭處更明亮的葉

心葉牛舌草（Jack Frost）

銀色葉片上浮出綠色葉脈。春末也會開花（中介植物）。

斑葉羊角芹

斑葉植物。具落葉特性，初夏也會開花（地被植物）

日本蹄蓋蕨

銀葉植物，具落葉特性（彩葉植物）。

老鼠簕（Hollard's Gold）

新葉呈現萊姆色，初夏開花，花朵個性十足（主要植物）。

熱帶性植物

金露花

葉為萊姆色。黃色越強，葉色越明亮。

斑葉秋海棠

葉色、葉形富於變化，葉片深具觀賞價值的秋海棠。

水晶火燭葉

姑婆芋的同類。以碩大葉片最具特徵，有許多種類。

耳葉馬藍

特徵為散發金屬光澤的紫色葉。植株生長旺盛。

63

採用熱帶性觀葉植物，即可打造夏季限定的植栽。以別於其他草花，散發著異國風情的葉斑、葉色、葉形最富魅力。可構成無與倫比、充滿獨特個性的植栽。

以白色葉片的彩葉芋增添明亮氛圍。

組合栽種黑葉牽牛花與紫絨藤，使植栽腳下顯得更凝聚。

以紅竹葉與紐西蘭麻（右上：外斑綠葉）營造律動感。

以綠色夾雜黃色葉斑的變葉木為配色。

葉片上分布著螺旋狀葉斑，深具個性的斑葉秋海棠。

開黃色花的單藥花，此植栽空間的主角。

M.Amano

適合遮蔭環境採用的花卉植物種類非常少，因此包括彩葉植物在內，重點是，必須善加利用葉片漂亮的種類。組合栽種時，巧妙運用葉片的形狀、大小、顏色、質感等差異，就能打造媲美全日照場所的植栽。

並排栽種具光澤感的圓葉紫唇花，與葉片呈葉裂狀態的泡盛草，即便都是銅葉植物，還是會呈現出微妙差異。

組合栽種不同品種，植株大小不一樣的玉簪，打造更有特色的植栽。

以白雪木為中介植物。白色苞葉可從初夏欣賞至秋季。

以玉簪（彩葉植物）為背景，將新幾內亞鳳仙花襯托得更耀眼。

栽種＆日常維護整理

完成植栽計畫後，
庭園建設終於可以正式展開。
適當地栽種，適度地維護整理，
具體地完成心中描畫的美麗庭園吧！

栽種

最適當的栽種時期為秋季＆春季

庭園建設始於植栽，而植栽重點在於適當的栽種時期（適期）。最適合栽種植物的時期為秋季與春季。於天氣冷熱適中的時期栽種，植物更容易扎根，可使植株更健康地成長。

栽種初夏期間開花的多年生草本植物時，重點是秋季促進扎根，以便初夏前植株就茂盛地生長，因此，秋季是栽種這類植物的最適當時期。秋末至春季開花的一年生草本植物，適合於秋天栽種，趁氣溫下降天氣變冷前，將植株確實地栽培長大，以便通過寒冷天氣的考驗。初夏至秋季開花的一年生草本植物，適合於春季栽種，趁炎熱夏季來臨前將植株栽培長大，以便順利地熬過炎熱的夏季。

鑑於植物的上市時期與更換植栽週期，本書中係以11月份為秋季的栽種、更換植栽時期，以5月份為春季的栽種、更換植栽時期。補種作業則建議於3月與9月進行。

重要的栽培用土處理作業

栽種植物的另一項重要工作為處理栽培用土。「排水性、透氣性、保水性俱佳」的土壤為植物健康成長的必要條件。栽種、更換植栽時，必須添加堆肥或腐葉土，確實地作好栽培

用土處理作業，改善土質，處理成鬆軟又彈性適中的最理想狀態。其次，每次都施用基肥吧！補種時也一樣，植穴加入堆肥、腐葉土或基肥，充分地混合後才種下植株。

同時栽種

栽種兩種以上植物時，同時備妥植物，一起栽種吧！種好植物後，暫時擺在庭園裡，更容易掌握植株成長狀況。其次，植株一起栽種後，一起成長，整個植栽會顯得更協調。

無法同時準備花苗，立即種下植株時，應避免維持原有狀態，建議種入大一個尺寸的花盆裡，妥善地維護管理，以避免根部阻塞而影響植物的生長。

種入大一個尺寸的花盆裡

1 將草花用培養土（含基肥）裝入大一個尺寸的花盆裡，由育苗盆取出花苗，避免破壞根盆，輕輕地移植。

2 栽種時，植株周圍也加入培養土。加大花盆尺寸，經過多次移植，將植株栽培長大後，春季補種時也可使用。

栽種方法

1 植物開花後連根拔起。

2 以除草用三角鋤挖出殘根後，一併清除雜草與落葉。

3 每1m²土壤表面，撒上10L腐葉土與牛糞堆肥。

4 依據用量相關記載，撒上緩效性化學肥料（N-P-K=6-40-6等）。

5 以圓鍬等翻耕土壤，深度約20至30cm，將肥料均勻地混入土壤裡。

6 攤平土壤表面。

7 由空間主角開始，連同栽培盆，暫時放入後，一邊觀察整體協調，一邊決定植株的配置。

8 以移植鏟挖掘大於根盆一輪的植穴後，種入花苗。

9 由兩側將土壤撥向植株基部，確實地固定植株。栽種後充分地澆水。

盆土乾燥時充分地澆水

澆水的基本原則為「盆土乾燥後充分地澆水」。植物根部生長是為了吸收土壤中的水分，因此，土壤若隨時維持著潮濕狀態，根部就無法生長，繼續處於太潮濕狀態，就很容易引發根腐病。因此，植栽用土必須維持絕佳乾濕狀態，土壤表面泛白時，充分地澆水吧！庭園裡栽種各種高度的植物時，必須在避免泥土噴濺或幼苗倒伏狀態下，針對每一株植物的植株基部，以蓮蓬狀水花進行澆水，將水送至根部尾端。

一年生草本植物需定期追肥

長期間持續開花的一年生草本植物最需要肥料，因此建議定期施以富含磷酸成分，可促進開花的追肥。植物缺乏肥料時，除了開花狀況與花色變差之外，還可能成為草姿雜亂的主因。建議採用溶解入水中就能立即發揮效果的化學肥料或液體肥料。使用時確實遵守用量與濃度相關規定，以免過度施肥。有機質肥料效果緩慢但持久，施用後對土壤中微生物發揮功用，亦具備改善土壤效果，適合長期間欣賞的多年生草本植物施用。

Point

P/NP-T.Maki

摘除殘花

植株開花後若置之不理，植物就會為了形成種子而消耗養分，難以再次開花或植株漸漸地弱化。殘花淋雨後易造成損傷，引發疾病，附著在枝葉上時，對植株也可能造成損傷。

因此植物開花後應及早摘除殘花，開花狀況良好的植物需要更勤快地摘除殘花。花朵褪色、花蕊成熟開始轉變成茶色後，就摘除殘花吧！摘除殘花時，應避免留下太長的花莖，由花莖基部剪掉殘花，切口就不會太顯眼，外觀上比較漂亮。

開大朵穗狀花的類型

依序開出碩大花朵的毛地黃等植物，花朵褪色後依序摘除殘花，就能維持漂亮狀態，可長期間欣賞花。
適用植物：大飛燕草・風鈴草（彩鐘花）・金魚草等。

←開花後依序修剪。最後由基部剪斷花穗。

側芽接著開花的類型

側芽

側芽接著開花的縷草等，及早修剪殘花，就能促進側芽生長。穗狀花品種開花達八成左右就該修剪。
適用植物：紫羅蘭・金盞花等。

←主枝的花接近尾聲時，由側芽上方修剪。側芽長出後接著開花。

設立支柱

栽種高挑的植物時，隨著植株的成長，易因風雨吹襲或花的重量而倒伏。植株成長至膝部高度後，及早設立支柱以欣賞美麗姿態吧！

毛地黃等花莖修長挺立的植物，適合於花莖後方設立支柱。蕾絲花或毛剪秋羅般，容易分枝的多花類型植物，圍繞著植株，設立數根支柱，或於膝部高度穿上細繩，圍繞著植株，就不會太醒目。

固定3處左右。

以園藝魔帶綁成8字形，留下空隙，以免嵌入花莖，確實綁緊支柱，以免支柱偏離位置。

插入深度達20cm，避免支柱倒掉。

花莖修長植物的支柱設立方法

栽種毛地黃等植物時，植株成長至膝部高度後，設立略低於最終花穗高度的支柱，將支柱設置在花莖的正後方就不會太顯眼。
適用植物：大飛燕草・藥蜀葵等。

摘心 & 截剪

摘心係指植物生長過程中摘除莖部或枝條尾端嫩芽的作業。摘心即可促使植物長出側芽，增加枝條數，開出更多花。

截剪則是指修剪掉伴隨植物生長而長太長的莖部，重新栽培植株的作業。栽種天藍繡球或長葉婆婆納交配種等植物時，初夏開花後，截剪1/3至1/2，即可抑制生長，讓植株以更優美的姿態再度開花。陸續開花的加勒比飛蓬等植物經過截剪後，就會以更優美的姿態，開出漂亮的花朵。

孔雀菊、鈷藍色鼠尾草等，植株長高後，秋季開花的植物，7月前由距離地際約15公分處進行截剪，即可抑制植株生長，促進開花。截剪亦具備促進通風，增進越夏能力等功用，可使過度成長而雜亂不堪的植株顯得更小巧，姿態更美好。

摘心

栽種鞘蕊花等植物時，趁植株還小就摘除尾端的嫩芽，即可促進側芽生長，增加枝條數，將草姿調整得更漂亮。
適用植物：矢車菊・纈草・大理花・矮牽牛等。

長出側芽。

剪斷尾端。

幫助植物越夏的截剪方法

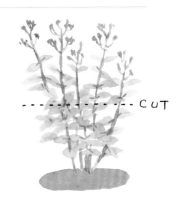

栽種吊鐘柳等耐高溫潮濕能力較弱的植物時，花後進行截剪，即可促進通風，使植株更順利地度過炎熱的夏季。
適用植物：西洋菁草・毛剪秋羅・紅色剪秋羅等。

約截剪至一半高度。

花莖尾端開花類型植物的截剪方法

栽種加勒比飛蓬等莖部繼續生長，尾端陸續開花類型植物時，花開八成左右後進行截剪，就會以更優美的姿態，同時開出漂亮花朵。
適用植物：矮牽牛・馬鞭草・山桃草等。

1 開花盛況告一段落，枝條生長，姿態雜亂的加勒比飛蓬。

2 一邊將頂端修圓，一邊將植株修剪成一半高度。

3 修剪植株中的受損葉片或莖部後，截剪作業告一段落。

地被植物的截剪方法

紫唇花等地被植物，匍匐莖蔓延生長超過限度時，即可進行截剪。截剪後，植株基部附近長出新芽，可使植株變得更年輕。
適用植物：攀根・黃花野芝麻・百里香等。

1 匍匐莖蔓延生長至鋪石上方的紫唇花。

2 毅然決然地修剪掉超過限度而影響周邊的部分。

3 截剪後情形。將植株修剪得小巧又俐落。

秋末至初春的多年生草本植物維護整理

多年生草本植物中包括一到冬季地上部分就枯萎的落葉性種類，但溫暖地區栽種時，可能出現冬季期間莖葉依然存在沒枯萎的情形。發現此情形時，未適時地修剪整理植株就迎接春天的到來，枝條上隨處冒出新芽，植株就顯得很雜亂，或植株上摻雜著老葉與新芽就顯得不美觀。

因此，最好於秋末與長出新芽前的早春時期進行整理，將植株修剪至地際附近。下霜程度嚴重的地區，枯萎的枝葉可遮擋植株以降低霜害，因此，維護整理作業適合於春季採行。一到了春天，清除植株周邊的落葉，讓新芽更充分地照射陽光吧！

一到了春季，常綠性種類也會一起冒出新芽。初春時期及早修剪，即可促進新芽生長，整個植株也會長得更漂亮。

冬季期間地上部分依然存在的類型

吊鐘柳（Husker Red）等，葉片呈放射狀（簇生葉），往地面上伸展過冬的類型，必須保留簇生部分，由基部剪掉老葉。
植株基部長出新芽的新風輪菜等也一樣，保留植株基部的新芽後修剪。
適用植物：桃葉風鈴草・超級鼠尾草等。

← 老葉

CUT

← 簇生葉

冬季期間地上部分枯萎的類型

泡盛草等冬季期間地上部分枯萎的類型，未經維護整理就迎接春天到來，易因腐爛的枯葉而損傷春天長出的新芽，或植株上夾雜老葉與新葉而不美觀，適合由植株基部修剪。
適用植物：紫錐花・天藍繡球・紫莖澤蘭等。

CUT　由植株基部修剪

常綠性類型

闊葉麥門冬等常綠性植物，冬季期間植株上依然長著葉，初春期間確認植株基部新芽後，由地際修剪，就能欣賞只長著新葉的美麗姿態。
適用植物：小蔓長春花・攀根等。

CUT

過冬後由地際修剪掉老葉。

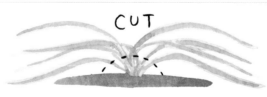

進行分株以維持
多年生草本植物姿態

分株目的不只是增加株數，分株是更新老株或縮小植株生長範圍的必要工作。

多年生草本植物栽種後，經過兩、三年即可將植株栽培長大，開出漂亮的花朵。栽種四、五年後，易因太悶熱而出現植株中心枯萎或生長狀況越來越衰弱等情形。其次，由於植株長得太高大，使空間失去協調美感，或對周邊植物生長造成不良影響的情形也很常見。

分株就是此時最有效的解決辦法。適合進行多年生草本植物分株時期通常為10月至11月。這是植株生長速度較緩慢的時期，同時也是植株負擔較小，比較容易確認新芽位置的時期。其次，栽種後，植物開始扎根，迎接冬季到來，邁入春季後，植株就會健康地成長。分出的植株儘快種入添加追肥，完成土壤改良的場所吧！

叢生型植物的分株方法

由植株基部長出新芽後，不斷地增加株數的叢生型植物，植株一年年地成長擴大範圍。植株太高大或太雜亂而影響生長時，必須進行分株。圖為直立生長的長蔓鼠尾草。
適用植物：泡盛草・玉簪・琉璃菊・萱草等。

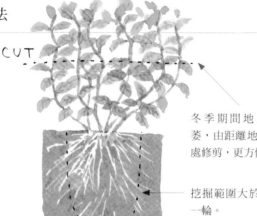

CUT

冬季期間地上部分枯萎，由距離地際約15cm處修剪，更方便作業。

挖掘範圍大於植株外側一輪。

去除舊土，避免傷及新芽狀況下，以剪刀等剪開，分成3至4個芽。過度分株，隔年就不開花。同時修剪受損的根莖。

地下莖蔓延生長型植物的分株方法

地下莖蔓延生長，莖上節點發芽後長成植株的類型，容易往周邊植栽擴散生長，而且新芽特別旺盛生長後，基部親株生長狀況衰退，新芽長大至相當程度後就必須分株。圖為紫葉黃花珍珠菜（Firecracker）。
適用植物：秋牡丹・紫斑風鈴草・紫莖澤蘭・斑葉羊角芹等。

親株 →

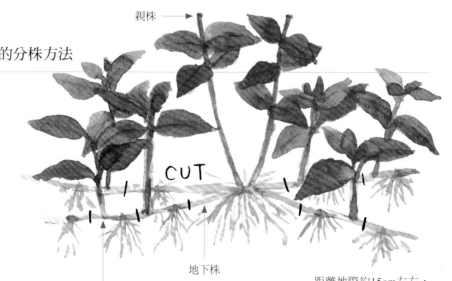

CUT

地下株

連同地下莖，分別進行分株後，重新栽種。

距離地際約15cm左右，剪斷莖部，挖出植株，去除多餘的土壤。

P/NP-T.Maki

清楚記載四種類型的植物圖鑑

依據植物類型，將適合庭園栽種欣賞的多年生草本植物分成主要植物、中介植物、彩葉植物、地被植物四個種類，更詳細地介紹植物。篇幅中一併記載決定更換植栽週期、適合組合栽種的「植物類型」相關資訊。提供讀者們擬定植栽計畫時參考應用。

圖鑑的用法

圖鑑中分成主要植物、中介植物、彩葉植物、地被植物四個種類，介紹推薦組合栽種的植物，提供挑選植物時之參考。功用相關記載針對株高·樹高，分成膝部高度（約40cm）、腰部高度（約40至70cm）、腰上高度（約70cm以上）依序介紹。

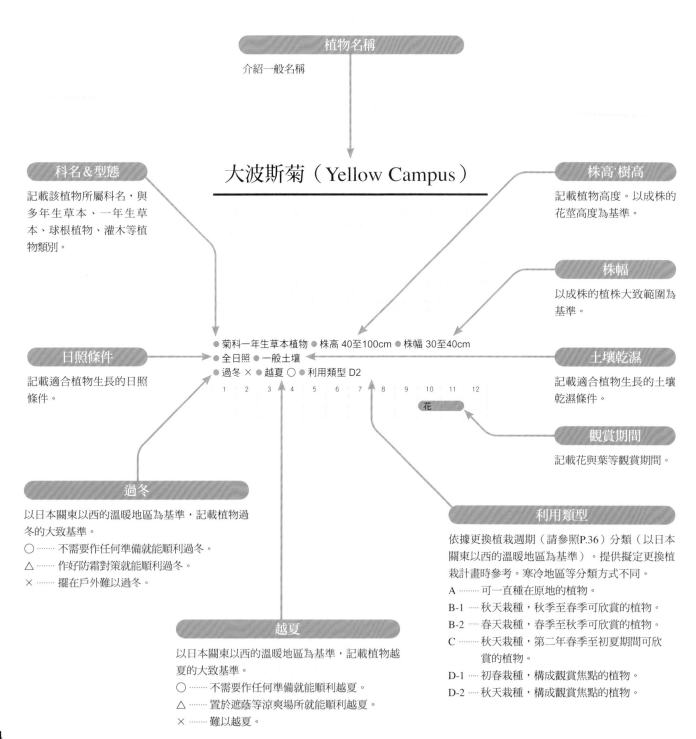

植物名稱
介紹一般名稱

科名&型態
記載該植物所屬科名，與多年生草本、一年生草本、球根植物、灌木等植物類別。

日照條件
記載適合植物生長的日照條件。

過冬
以日本關東以西的溫暖地區為基準，記載植物過冬的大致基準。
○‥‥‥ 不需要作任何準備就能順利過冬。
△‥‥‥ 作好防霜對策就能順利過冬。
×‥‥‥ 擺在戶外難以過冬。

越夏
以日本關東以西的溫暖地區為基準，記載植物越夏的大致基準。
○‥‥‥ 不需要作任何準備就能順利越夏。
△‥‥‥ 置於遮蔭等涼爽場所就能順利越夏。
×‥‥‥ 難以越夏。

大波斯菊（Yellow Campus）

● 菊科一年生草本植物 ● 株高 40至100cm ● 株幅 30至40cm
● 全日照 ● 一般土壤
● 過冬 × ● 越夏 ○ ● 利用類型 D2
1　2　3　4　5　6　7　8　9　10　11　12
花

株高·樹高
記載植物高度。以成株的花莖高度為基準。

株幅
以成株的植株大致範圍為基準。

土壤乾濕
記載適合植物生長的土壤乾濕條件。

觀賞期間
記載花與葉等觀賞期間。

利用類型
依據更換植栽週期（請參照P.36）分類（以日本關東以西的溫暖地區為基準）。提供擬定更換植栽計畫時參考。寒冷地區等分類方式不同。
A ‥‥‥ 可一直種在原地的植物。
B-1 ‥‥ 秋天栽種，秋季至春季可欣賞的植物。
B-2 ‥‥ 春天栽種，春季至秋季可欣賞的植物。
C ‥‥‥ 秋天栽種，第二年春季至初夏期間可欣賞的植物。
D-1 ‥‥ 初春栽種，構成觀賞焦點的植物。
D-2 ‥‥ 秋天栽種，構成觀賞焦點的植物。

主要植物（＝植栽空間主角）

觀賞庭園時，
最先映入眼簾，深具庭園象徵，
決定該場所印象的，就是植栽空間主角的花卉植物。
先挑選主要花卉植物，
依序組合栽種構成庭園植栽吧！

沙斯塔雛菊（Bridal Bouquet）

由初開時的黃色，漸漸地轉變成白色，可盡情欣賞花色變化。花顏向上，枝頭上開滿花朵時姿態最賞心悅目。矮性種植物，狹窄空間或花壇前方都適合栽種。花朵碩大，充滿華麗感，容易搭配各類草花。常綠性植物，冬季期間植株基部依然長著葉，不會呈現蕭瑟景象。比較不耐悶熱，花後需截剪。

- 菊科多年生草本植物 ● 株高 20至30cm ● 株幅 30至40cm
- 全日照 ● 一般土壤
- 過冬 ○ ● 越夏 ○至△ ● 利用類型 A

1	2	3	4	5	6	7	8	9	10	11	12
				花							

白頭翁（Aurora）

低溫栽培的開花株自秋末開始上市，一再地開花至春季。花漸少的秋末以後開花，花朵碩大，氣勢磅礴的重瓣花最吸晴。搭配栽種開花期重疊的三色菫、香菫菜等更賞心悅目。周邊組合栽種香菫菜或香雪球等小花植物，就能構成感覺更清新，充滿協調美感的植栽。

- 毛茛科球根植物 ● 株高 20至40cm ● 株幅 20至30cm
- 全日照 ● 一般土壤 ● 過冬 ○
- 越夏 △至×（未移植）● 利用類型 B1

1	2	3	4	5	6	7	8	9	10	11	12
花											

NP-T.Maki

三色菫（Nature Bronze Shades）

帶古銅色的杏色花，以古典色澤最富魅力。有色幅，因此一起栽種多株，就能構成賞心悅目的柔美漸層色彩。三色菫中的花朵較小，狀似香菫菜，開花狀況良好的品種。植株旺盛生長，株幅良好，冬季期間也不斷地開花，適合種在想確實欣賞花色之美的場所。

● 菫菜科一年生草本植物 ● 株高 15至30cm ● 株幅 25至40cm
● 全日照 ● 一般土壤
● 過冬 ○ 越夏 × 利用類型 B1

1	2	3	4	5	6	7	8	9	10	11	12
花

日日春
（Nirvana Cascade Pink Splash）

開大朵花，花瓣外側為淺粉紅色，中心為深粉紅色，外形華麗的雙色花。耐雨、耐病能力強，夏季不易出現立枯現象，可盡情地賞花至秋季。具匍匐生長特性，莖部橫向生長蔓延，建議種在具高度的花壇前方。耐高溫與乾燥能力強，但不耐太潮濕環境，適合排水良好場所栽種。

● 夾竹桃科多年生草本植物（當作一年生草本植物）
● 株高 15至25cm ● 株幅 30至40cm ● 全日照 ● 易乾燥土壤
● 過冬 × 越夏 ○ 利用類型 B2

1	2	3	4	5	6	7	8	9	10	11	12
花

NP-Y.Itoh

新幾內亞鳳仙花

小巧類型的新幾內亞鳳仙花，狹小場所也適合栽種欣賞。植株小巧，但易分枝，開花狀況良好，植株茂盛生長，草姿不容易顯得雜亂。種在感覺比較陰暗的半遮蔭環境時，碩大花朵相當吸睛。種在植栽空間前方，旁邊搭配夏菫，後方組合栽種鞘蕊花，半遮蔭環境依然能欣賞色彩繽紛的畫面。

● 鳳仙花科多年生草本植物（當作一年生草本植物）
● 株高 15至30cm ● 株幅 30cm ● 半日陰 ● 一般土壤
● 過冬 × 越夏 △（全日照） 利用類型 B2

1	2	3	4	5	6	7	8	9	10	11	12
花

M.Amano

日日春也會以長春花（Vinca）之名流通。

圖為Sweet Orange。

圖為Vista Silverberry。

NP-N.Kamibayashi

NP-S.Maruyama

矮牽牛（Supertunia Vista）

植株生長旺盛，耐高溫潮濕能力強，栽種一株，短期間內就覆蓋廣大面積。開花狀況良好，春季持續開花至秋末，建議種在花壇前方最吸引目光，隨時都想賞花的場所。花後將整個植株截剪成1/2至1/3左右，就會以優美姿態再度開花。植株損傷後恢復速度快，容易維持漂亮狀態。

● 茄科多年生草本植物（當作一年生草本植物）
● 株高 30至40cm ● 株幅 80至100cm ● 全日照 ● 一般土壤
● 過冬 × ● 越夏 ○ ● 利用類型 B2

1	2	3	4	5	6	7	8	9	10	11	12
		花									

陸蓮花

花朵碩大，薄花瓣層層疊疊，輕盈柔美，洋溢著春天氣息的花。由淡雅、鮮明到雙色，花色豐富多元，建議配合場合挑選。開花株於冬季至春季上市。花葉接觸霜時易損傷，庭園栽種以春分過後完全無霜害顧慮時較適宜。搭配小花或後方栽種高挑植物等，組合栽種不同花型或草姿的植物，更能突顯花魅力。

● 毛茛科球根植物 ● 株高 25至30cm ● 株幅 15至25cm
● 全日照 ● 一般土壤
● 過冬 △ ● 越夏 × ● 利用類型 D1

1	2	3	4	5	6	7	8	9	10	11	12
花											花

藍眼菊（Serenity Rose Magic）

植株小巧，易分枝，枝葉茂盛生長。由初開時帶古銅色的淺橘色，漸漸地轉變成顏色深濃的玫瑰粉紅色，種上一株就顯得華麗無比。以春意盎然柔美的粉色系花色，一口氣換上春天的裝扮。初春栽種後，先擺在屋簷下適應寒冷天氣，即可降低對植株的傷害。

● 菊科多年生草本植物 ● 株高 25至35cm ● 株幅35至50cm
● 全日照 ● 一般土壤
● 過冬 ○至△ ● 越夏 △至× ● 利用類型 D1

1	2	3	4	5	6	7	8	9	10	11	12
花											

M&BFlora

Shop ABABA

聖誕玫瑰（Black Swan）

充滿優雅意趣的花，雖不耀眼，但存在感十足，日式、西式風格的植栽空間都適合採用。略帶黑色的花色，典雅又時尚。是早春花少時節妝點植栽空間不可或缺的植物。搭配相同時期開花的葡萄風信子等小球根植物，就能突顯花魅力而顯得更華麗。花後還能欣賞綠油油的葉，建議種在希望一年到頭都充滿綠意的場所。

● 毛茛科多年生草本植物 ● 株高 25至40cm ● 株幅 40至50cm
● 全日照至半遮蔭（夏季需避開直射陽光）● 一般土壤
● 過冬 ○ 越夏 △ 利用類型 A

1	2	3	4	5	6	7	8	9	10	11	12

花

水仙（Pink Charm）

筆直生長的修長花莖上分別開出一朵花，以充滿立體感的碩大杯狀花瓣最吸引目光。以尖端由杏色開始轉變成粉紅色的杯狀部分的柔美色澤最富魅力。純白花瓣將杯狀部分襯托得更耀眼。組合於栽種後不需移植，初夏就開花的多年生草本植物旁，花後至植株完全枯萎為止，水仙的葉都不會太顯眼。

●石蒜科球根植物 ● 株高 30至40cm ● 株幅 20至30cm
● 全日照至半日陰 ● 一般土壤
● 過冬 ○ 越夏 ○ 利用類型 A

1	2	3	4	5	6	7	8	9	10	11	12

花

紫錐花（Coconut Lime）

花漸少的初夏至夏季期間，開出碩大花朵而顯得華麗無比。植株小巧的紫錐花品種，但開花狀況良好，開重瓣花而分量感十足。帶白色與綠色的花色組合感覺最清新。耐暑性、耐寒性皆強，不需移植，可一直種在原地。一到冬季地上部分枯萎後消失。

● 菊科多年生草本植物 ● 株高 50至70cm ● 株幅 30至40cm
● 全日照 ● 一般土壤
● 過冬 ○ 越夏 ○ 利用類型 A

1	2	3	4	5	6	7	8	9	10	11	12

花

NP·S.Maruyama

M.Amano

Jardin

大理花（Lady Dahlia Shali）

初夏入手開花苗，栽培起來更輕鬆。陸續開出夾雜粉紅色與黃色，花莖5至8cm的小花，種上一株就顯得很華麗。植株小巧，姿態優美，適合作為花壇滾邊效果。抗白粉病能力強，容易栽培。不耐炎熱天氣，梅雨季節過後進行截剪，更容易越夏，邁入秋季，氣溫下降後，再度開出顏色亮麗的花朵。

● 菊科多年生草本植物 ● 株高 40至50cm ● 株幅 30至40cm
● 全日照 ● 一般土壤 ● 過冬 ○（0度以下△）
● 越夏 △ ● 利用類型 A、B2（寒冷地區）

1	2	3	4	5	6	7	8	9	10	11	12

花

NP-Y.Sakurano

金光菊（Cherry Brandy）

以櫻桃紅色花瓣與帶紫色的棕色花蕊構成的花朵最吸睛。體質強健，容易栽培，花期長，初夏至秋季期間持續開花。花色令人印象深刻，只加入一株，庭園就顯得更優雅。花色範圍廣，同時栽種幾株，就能欣賞自然優美的漸層色植栽。不耐高溫潮濕，建議種在排水與通風都良好的場所。

● 菊科多年生草本植物 ● 株高 60至70cm ● 株幅 30至40cm
● 全日照 ● 一般土壤
● 過冬 ○ ● 越夏 ○ ● 利用類型 B2

1	2	3	4	5	6	7	8	9	10	11	12

花

紫羅蘭（Vintage）

秋季至春季開花，觀賞期間長。花色豐富，粉色系花色更容易配色，是同時期開花的三色菫或香菫菜等不可或缺的搭配對象。植株小巧，容易分枝，花莖生長開花狀況也良好。重瓣花品種花較持久。帶銀色而使庭園顯得更明亮的葉也深具魅力。接觸強霜或寒風時，植株可能受損，栽種時需避開這類場所。

● 十字花科一年生草本植物 ● 株高 30至50cm ● 株幅25至30cm
● 全日照 ● 一般土壤
● 過冬 ○至△ ● 越夏 × ● 利用類型 B1

1	2	3	4	5	6	7	8	9	10	11	12

花

M&BFlora

圖為Vintage Lilac。

金盞花（Coffee Cream）

乍看為杏色，仔細看，花瓣背面為褐色。花瓣細緻，背面若隱若現的表情最美麗。開大朵花，但花色柔美，所以也很容易搭配其他草花。組合栽種三色堇、香菫菜等不同花型的冬季基本花卉植物，就能增添變化。陸續開花，花後勤快地摘除殘花，就能增加枝條數，栽培成頂部渾圓的植株。

● 菊科一年生草本植物 ● 株高 20至35cm ● 株幅 25至40cm
● 全日照 ● 一般土壤
● 過冬 ○ ● 越夏 × ● 利用類型 B1

1	2	3	4	5	6	7	8	9	10	11	12

花

鬱金香（Angelique）

粉紅色夾雜著白色的花瓣，外側帶綠色，輕盈柔美，洋溢著春天氣息的花。一起栽種幾球，更能突顯花特色。鬱金香品種中的遲開種，組合栽種不同種類的鬱金香時，建議挑選同時開花的品種。搭配香菫菜等植株小巧的一年生草本植物，突顯碩大的花朵與高度，感覺更華麗。搭配多年生草本植物更具觀賞價值。

● 百合科球根植物 ● 株高 40至50cm ● 株幅 20至30cm
● 全日照 ● 易乾燥土壤至一般土壤
● 過冬 ○ ● 越夏 △ ● 利用類型 C

1	2	3	4	5	6	7	8	9	10	11	12

花

Hakusan

Ogihara

瑪格麗特
（Fairy Dance Four Seasons）

易分枝，枝頭上開滿花朵，因此一起栽種幾株，華麗感就大大地提升。淺粉紅花色最適合為植栽增添春天氣息。以春、秋季為主，一再地開花的四季開品種。花期長，定期施以液肥，即可促進開花。冬季至早春時期入手開花株，必須擺在不會接觸到霜的場所維護管理。

● 菊科多年生草本植物 ● 株高 30至80cm ● 株幅 30至45cm
● 全日照 ● 一般土壤
● 過冬 △ ● 越夏 △ ● 利用類型 D1

1	2	3	4	5	6	7	8	9	10	11	12

花

羽衣菊（Arctotis grandis）

以白色花瓣與帶藍色花蕊的組合最漂亮。銀色葉將花襯托得更明亮、更高雅。耐寒性強，開花前的初春時期可當作彩葉植物欣賞。易分枝而營造分量感，生長最旺盛時期抽出細長花莖，植株長高到超乎想像，因此植栽空間前方或兩旁，組合栽種低矮植物，感覺更俐落，又能欣賞整個植株之美。

● 菊科多年生草本植物 ● 株高 20至60cm ● 株幅 30至50cm
● 全日照 ● 一般土壤
● 過冬 ○ ● 越夏 △ ● 利用類型 D1

1	2	3	4	5	6	7	8	9	10	11	12

花

中型植物　　彩葉植物　　地被植物

百子蓮（Queen Mum）

罕見的藍白雙色百子蓮。抽高的花莖尾端長出球狀花穗，直徑達20cm以上時最具觀賞價值。初夏邁入夏季的季節交替時期，適時地接替開花。冬季期間植株上依然長著葉的常綠植物，寒冷地區栽種時，必須確實作好防寒措施。開出碩大球狀花，植株生長苗壯後才會開花。

● 石蒜科多年生草本植物 ● 株高 80至120cm ● 株幅 60至90cm
● 全日照 ● 一般土壤
● 過冬 ○ ● 越夏 ○ ● 利用類型 A

1	2	3	4	5	6	7	8	9	10	11	12

花

百合水仙（Indian Summer）

銅葉，夾雜著橘色與黃色的花瓣，鮮豔耀眼的花。洋溢著異國風情，但因沉穩的中間色葉而容易搭配其他草花。搭配萊姆色葉植物，即可將銅葉襯托得更有個性。耐暑性優於原生種，溫暖地區也容易栽培，夏季期間植株上依然長著葉。春秋開花，開花狀況也良好，可一再地欣賞花。冬季期間地上部分枯萎。

● 百合水仙科多年生草本植物 ● 株高 60至100cm
● 株幅 30至50cm ● 全日照至半日陰 ● 一般土壤
● 過冬 ○ ● 越夏 ○ ● 利用類型 A

1	2	3	4	5	6	7	8	9	10	11	12

花　　　　　花

百合（Conca D'or）

開大朵花的東方型百合花。檸檬黃花瓣外側為深淺不一的淡雅乳白色，看起來鮮豔，但容易搭配其他草花。一起栽種幾球，觀賞價值大大地提升。初夏邁入夏季的季節交替時期開花，為庭園植栽增添色彩。栽種後2至3年都不需要移植，搭配多年生草本植物，即可覆蓋植株基部，避免土壤溫度上升。

● 百合科球根植物 ● 株高 80至120cm ● 株幅 40至50cm
● 半日陰 ● 一般土壤
● 過冬 ○ ● 越夏 ○ ● 利用類型 A

1	2	3	4	5	6	7	8	9	10	11	12

花

在日本也名為Yellow Casa Blanca。

圖為Magenta。

主要植物

中介植物　彩葉植物　地被植物

鳳梨鼠尾草（Golden Delicious）

秋末開朱紅色花，與金黃色葉形成鮮明對比。直到落葉，葉片始終維持漂亮的金黃色，可當作彩葉植物欣賞到開花。葉子的甘甜香氣也深具魅力。植株旺盛生長易壯大，夏季前摘心幾次，即可抑制生長，增加枝條數，長成優美的姿態。冬季落葉。

● 唇形科落葉灌木 ● 樹高 100至120cm ● 株幅 50至80cm
● 全日照 ● 一般土壤
● 過冬 ○ ● 越夏 ○ ● 利用類型 A、B2（寒冷地區）

| 1 | 2 | 3 | 4 | 5 | 6 | 7 | 8 | 9 | 10 | 11 | 12 |

花

大葉醉魚草（Buzz）

小型植物，採庭植方式也不會長成壯碩植株。無栽種場所困擾，可盡情地賞花，連栽培箱都可栽種。散發香氣而吸引蝴蝶聚集，因此也很適合用於打造賞蝶庭園。耐暑性、耐寒性皆強，體質強健，容易栽培。花後由花穗基部修剪，就會再抽出花莖，一再地開花，欣賞至秋天。冬季落葉。

● 玄參科落葉灌木 ● 樹高 80至120cm
● 株幅 80至120cm ● 全日照 ● 一般土壤
● 過冬 ○ ● 越夏 ○ ● 利用類型 A

| 1 | 2 | 3 | 4 | 5 | 6 | 7 | 8 | 9 | 10 | 11 | 12 |

花

粉紅繡球花

可愛的小花朵聚集成球狀的開花姿態最迷人。花蕾為紅色，花朵綻放時為帶淺橘色的粉紅色。花開在當年長出枝條上，因此春天來臨前修剪，長出枝條就開花。越靠近植株基部修剪，植株越小巧，但開出來的花越大朵。花後由花朵下方第3至5節處修剪，秋天就能再度賞花。栽培越多年，開花狀況越好、越精采。

● 繡球花科落葉灌木 ● 樹高 100至150cm
● 株幅 100至150cm ● 全日照至半日陰 ● 一般土壤
● 過冬 ○ ● 越夏 ○ ● 利用類型 A

| 1 | 2 | 3 | 4 | 5 | 6 | 7 | 8 | 9 | 10 | 11 | 12 |

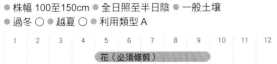
花（必須修剪）

粉紅色品種的喬木繡球（Annabelle）。

M&BFlora

銅葉紅花秋海棠

花徑4至7cm的碩大花朵，與大片又具光澤感的橢圓形銅葉的色彩對比最美。體質強健，採庭植方式時，植株易長大，直射陽光也不會出現葉燒現象。栽種一株就會長成一大片，最適合想以花填滿廣大空間時栽種。用於構成花壇背景時，大片銅葉就會襯托花壇前方的草花。

● 秋海棠科多年生草本植物（當作一年生草本植物）
● 株高 40至80cm ● 株幅 60至80cm ● 全日照至半日陰 ● 一般土壤
● 過冬 × ● 越夏 ○ ● 利用類型 B2

1	2	3	4	5	6	7	8	9	10	11	12
花											

大飛燕草（Aurora）

花穗修長，開著重瓣大朵花，氣勢磅礡，初夏植栽空間不可或缺的主要花卉植物。以清新脫俗的藍色系花最漂亮，一起栽種幾株，特色更鮮明。溫暖地區栽種時，植株筆直生長後開出第一朵花，立即成為植栽空間的主角，搭配容易分枝，花朵清新脫俗的蕾絲花，更容易打造充滿協調美感，長期間賞花的植栽。體質強健，容易栽培，秋季種下幼苗，植株成長茁壯後，初夏就能開出美麗的花朵。

● 毛茛科多年生草本植物（溫暖地區當作一年生草本植物）
● 株高 約100cm ● 株幅 50至70cm ● 全日照 ● 一般土壤
● 過冬 ○ ● 越夏 × ● 利用類型 C

1	2	3	4	5	6	7	8	9	10	11	12
花											

藥蜀葵（Comfort）

植株小於原生種藥蜀葵，狹窄場所也適合栽種欣賞。從花瓣密生的重瓣花，到半重瓣花，與柔美花色最相稱，華麗又充滿著存在感。春天種下花苗，初夏就開出漂亮花朵。易分枝，花期長，花一直開到秋季，花後靠近植株基部進行截剪，即可促進側芽生長。

● 錦葵科多年生草本植物 ● 株高 60至120cm ● 株幅 40至50cm
● 全日照 ● 一般土壤
● 過冬 ○ ● 越夏 ○ ● 利用類型 D1

1	2	3	4	5	6	7	8	9	10	11	12
花											

M.Amano

圖為Aurora Light Blue。

Takii

圖為Comfort Apricot。
藥蜀葵日文名又稱「立葵」，英文別名「Hollyhock」。

中介植物

襯托植栽空間的主要花卉植物，
居間連結各類植物，
調和植栽整體狀態的植物。
外觀上不如主要植物華麗，
卻是植栽空間所不可或缺。

山桃草（Lilipop Pink）

體質強健，不需移植，可一直種在原地，花期很長的矮性
種山桃草，打造植栽空間的絕佳素材。狹窄空間也能栽種
欣賞。植株小巧，易分枝，大量開花，由植株較低位置開
花。緊密地開著深粉紅色花，花色鮮明，充滿華麗感。耐
暑性強，不斷地開花至秋季。

● 柳葉菜科多年生草本植物 ● 株高 20至30cm ● 株幅 20至30cm
● 全日照 ● 一般土壤
● 過冬 ○ ● 越夏 ○ ● 利用類型 A

加勒比飛蓬

纖細輕盈的莖葉往四面八方伸展，枝頭上開滿甜美可愛、
姿態自然柔美的小花。開花後，花朵漸漸地由白色轉變成
粉紅色，種上一株感覺就很華麗。植株成長後不斷地開
花，生長旺盛，開花至八成左右後，截剪調整成一半左
右，即可以更小巧的姿態再度開花。搭配清新素雅的小花
或彩葉植物，更能突顯主要花卉植物的特色。

● 菊科多年生草本植物 ● 株高 15至40cm ● 株幅 35至45cm
● 全日照 ● 一般土壤
● 過冬 ○ ● 越夏 ○ ● 利用類型 A

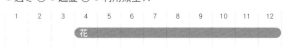

在日本可能以Erigeron、源平小菊等別名上市流通。

85

NP-Y.Itoh

羅丹絲菊

以充滿乾燥質感的花瓣為最大特色。花蕾外側包覆著漂亮的粉紅色花萼，開花前就賞心悅目。秋末栽種長滿花蕾的花苗，開花後更持久，冬季期間也能長久欣賞花。植株茂盛生長，白色小花適合搭配任何種類的花卉植物。淋雨時容易傷及花，雨過放晴時，勤快地摘除殘花吧！整體上開過花後，植株經過截剪調整，就會以更優美姿態再度開花。

● 菊科一年生草本植物 ● 株高 15至25cm ● 株幅 25至35cm
● 全日照 ● 易乾燥土壤至一般土壤
● 過冬 ○ 越夏 × ● 利用類型 B1

1	2	3	4	5	6	7	8	9	10	11	12

花

帚石楠（Garden Girls）

看起來像花的部分，其實是花萼，不會開花，花蕾狀態下就呈現出漂亮顏色，觀賞期間相當長。將抽出長長枝條的美麗姿態，應用於植栽滾邊，即可打造更有氣勢、更漂亮的植栽。冬季期間美麗姿態依舊，栽種時縮小株距，栽種後就能立即欣賞美麗景致。植株上開著小花，容易搭配任何種類的植物。

● 杜鵑花科常綠灌木 ● 樹高 15至20cm ● 株幅 25至35cm
● 全日照 ● 易乾燥土壤至一般土壤
● 過冬 ○ 越夏 △ ● 利用類型 B1

1	2	3	4	5	6	7	8	9	10	11	12

花

石竹（Pink Kiss）

開粉紅色覆輪花※而充滿華麗感。植株小巧，茂盛生長成小山丘狀，但枝條不會恣意地生長。植株較矮，建議種在花壇的前方。枝頭開滿小巧花朵，因此殘花不顯眼。秋天栽種，冬天只長葉，不開花，一到了春天，植株長大一輪以上，開起花來更精采。

※覆輪花：花瓣邊緣呈現不同色滾邊狀態的花朵。

● 竹科多年生草本植物 ● 株高 15至20cm ● 株幅 20至30cm
● 全日照 ● 一般土壤
● 過冬 ○ 越夏 △ ● 利用類型 B1

1	2	3	4	5	6	7	8	9	10	11	12

花

NP-Y.Itoh

Jardin

上要
植
物

中
介
植
物

彩
草
植
物

地被
植
物

M.Amano

Syngenta

松蟲草（Blue Balloon）

由植株基部抽出修長花莖，頂端開出半圓形花的姿態與花型最獨特。組合栽種其他種類的草花，整個植栽就顯得更有變化。以柔美花色與宛如氣球般輕盈的花最富魅力。看起來為一大朵，其實是聚集著許多小花，搭配任何草花都能夠輕易地融合。四季開花類型，秋季至初夏期間不間斷地開花。

● 忍冬科多年生草本植物 ● 株高 15至30cm ● 株幅 20至25cm
● 全日照 ● 一般土壤
● 過冬 ○ ● 越夏 △ ● 利用類型 B1

1	2	3	4	5	6	7	8	9	10	11	12
花

Viola Dj Rose Pink

耐寒性、耐暑性皆強，花期長，不間斷地開花，始終維持著美麗姿態。即便春天氣溫回升也不徒長。玫瑰粉紅與白色的雙色花瓣，再加上中心的黃色花瓣而充滿華麗感。容易開花，冬季期間也不停歇，適合種在希望隨時都顯得很華麗的場所。必須定期追肥。秋天栽種後，植株健康地成長，一到了冬季，開花狀況更好。

● 菫菜科一年生草本植物 ● 株高 25至30cm ● 株幅 25至40cm
● 全日照 ● 一般土壤
● 過冬 ○ ● 越夏 × ● 利用類型 B1

1	2	3	4	5	6	7	8	9	10	11	12
花

四季秋海棠（Doublet）

開甜美可愛的重瓣花，與銅葉的色彩對比更是美不勝收。植株茂盛生長而不徒長，易栽培成優美姿態。一起種上幾株，構成一大株，更具觀賞價值。漂亮的銅葉易成為植栽的重點配色，可使植栽整體顯得更凝聚。種在夏季期間可避開直射陽光的場所更容易越夏。

● 秋海棠科多年生草本植物（當作一年生草本植物）
● 株高 20至30cm ● 株幅 20至30cm ● 全日照至半日陰
● 一般土壤 ● 過冬 × ● 越夏 ○至△ ● 利用類型 B2

1	2	3	4	5	6	7	8	9	10	11	12

M.Amano

非洲鳳仙花
（California Rose Fiesta Apple Blossom）

狀似玫瑰花，越往外側顏色越淡，花色呈現微妙變化，浪漫無比，花期長，可一直欣賞到秋季的花。淡雅花色可使半遮蔭植栽顯得更明亮，但種在太陰暗的場所易徒長，開花狀況也變差，需留意。搭配彩葉植物時，可使花色顯得更華麗。及早摘除接觸到雨水而謝掉的殘花，即可避免植株受到傷害，讓植株永遠維持漂亮狀態。

● 鳳仙花科多年生草本植物（當作一年生草本植物）
● 株高 20至30cm ● 株幅 20至30cm ● 半日陰 ● 一般土壤
● 過冬 × ● 越夏 ○ 利用類型 B2

1	2	3	4	5	6	7	8	9	10	11	12

花

M&BFlora

藿香薊（Artist）

以扦插方式繁殖的藿香薊，相較於原生種，體質更強健，成長速度更快，種上一株就很有分量。抽出花莖後陸續開花，殘花不顯眼，不摘除也無妨。以茂盛生長的草姿，輕盈又圓潤的獨特花型最引人入勝，一起栽種幾株，看起來更漂亮，令人印象更深刻。耐悶熱能力強，長久下雨也不易損傷，炎炎夏日依然不停地開花。

● 菊科一年生草本植物 ● 株高 20至30cm ● 株幅 25至35cm
● 全日照 ● 一般土壤
● 過冬 × ● 越夏 ○ ● 利用類型 B2

1	2	3	4	5	6	7	8	9	10	11	12

花

勿忘草（Miomaruku）

一定要讓人看得一清二楚似地，開出大朵水藍色花的勿忘草。能夠盡情地賞花。秋天栽種後，耐心地栽培，春天開花時，整個植株幾乎被花給淹沒。植株旺盛生長，種上一株就會長得很茂盛，當作花壇滾邊更是美不勝收。花色淡雅，容易搭配任何花色的植物。種在不會直接照射到陽光的場所，就能順利地越夏。

● 紫草科多年生草本植物 ● 株高 約20cm ● 株幅 20至25cm
● 全日照至半日陰 ● 一般土壤
● 過冬 ○ ● 越夏 △ ● 利用類型 C

1	2	3	4	5	6	7	8	9	10	11	12

花

Syngenta

M.Amano

圖中為Artist Passo Blue。

上愛植物

中介植物

彩葉植物　地被植物

維吉尼亞紫羅蘭

開出小巧花朵後，漸漸地由白色轉變成粉紅色，充滿自然氛圍的花卉植物。花朵雖小，但枝頭上總是開滿花朵而熱鬧非凡，搭配任何草花都很搭調。耐寒性強，適合於早春補種。挑選容易分枝而氣勢十足的植株，就能構成華麗優雅，充滿春天氣息的植栽。初春期間生長速度減慢，適合縮小株距，補種到感覺有點擁擠。

● 十字花科一年生草本植物 ● 株高 20至40cm ● 株幅 25至35cm
● 全日照 ● 一般土壤
● 過冬 ○ ● 越夏 × ● 利用類型 D1

1	2	3	4	5	6	7	8	9	10	11	12
花											

雛菊（Tasso Strawberry & Cream）

菊是自古以來人們就很熟悉的花卉植物。開絨球狀花，花型甜美可愛，花色由外側朝著中心越來越深，由白色漸漸地轉變成深淺不一的桃紅色。矮性種植物，緊密開花，花朵緊緊地依偎在一起，花姿維持不亂。花色淡雅的雛菊，加入洋溢著春天氣息的粉色系植栽，整個植栽就會顯得更熱鬧繽紛。渾圓花型成了重點，整個畫面變得很不一樣。

● 菊科一年生草本植物 ● 株高 15至20cm ● 株幅 25cm
● 全日照 ● 一般土壤
● 過冬 ○ ● 越夏 × ● 利用類型 D1

1	2	3	4	5	6	7	8	9	10	11	12
花											

M.Amano

老鸛草（Johnson's Blue）

花朵碩大，具透明感的藍色花，很有特色，但不會喧賓奪主。植株茂盛生長，頂部呈圓弧狀。呈現深裂狀態的葉片最漂亮，到了秋天就轉變成紅葉。老鸛草的早開品種，花期與玫瑰重疊。溫暖地區也容易越夏的品種。不耐高溫潮濕環境，建議種在排水量良好的場所。植株成長苗壯後，枝頭上就會開滿漂亮花朵。

● 牻牛兒苗科多年生草本植物 ● 株高 30至60cm ● 株幅 35至45cm
● 全日照至半日陰 ● 一般土壤
● 過冬 ○ ● 越夏 △ ● 利用類型 A

| 1 | 2 | 3 | 4 | 5 | 6 | 7 | 8 | 9 | 10 | 11 | 12 |

花

法國薰衣草

溫暖地區也容易栽種，可盡情賞花的薰衣草。由圓胖花穗尾端長出，酷似兔子耳朵的包葉最可愛。品種多，花色變化豐富，花穗與苞葉的色彩對比最吸睛。植株茂盛生長，頂部呈圓弧狀，陸續開花。花後進行截剪，促進通風，植株更容易越夏。

● 唇形科常綠灌木 ● 樹高 30至80cm ● 株幅 40至60cm
● 全日照 ● 一般土壤
● 過冬 ○ ● 越夏 ○ ● 利用類型 A

| 1 | 2 | 3 | 4 | 5 | 6 | 7 | 8 | 9 | 10 | 11 | 12 |

花

NP-N.Kamibayashi

超級鼠尾草（Bordeaux Blue）

植株竄出一根根修長深藍紫色花穗時的花姿最亮眼。超級鼠尾草中植株較低矮小巧的品種。姿態優美，緊密開花。花後截剪調整，就能夠以更美好的姿態再開花。種在花壇前方，就會因為後方的花襯托而顯得更耀眼。一起栽種幾株，花姿更鮮明，令人印象更深刻。秋天栽種後，一到了春天，植株長得更苗壯，就會開出更多花。

● 唇形科多年生草本植物 ● 株高 25至40cm ● 株幅 30至40cm
● 全日照 ● 一般土壤
● 過冬 ○ ● 越夏 ○ ● 利用類型 A

| 1 | 2 | 3 | 4 | 5 | 6 | 7 | 8 | 9 | 10 | 11 | 12 |

花

圖為Blueberry Ruffles。

M.Amano

大花金雞菊

開大朵花的金雞菊。一到了秋天，就開出花瓣為乳白色，但靠近花心部分為紅色的花朵。花朵越盛開，紅色範圍越大，花色變化也越迷人。花後進行截剪，初夏至秋季期間就一再地開花。易分枝，開花狀況也良好。花莖強韌硬挺，不需要設立支柱。纖細俐落的花瓣，細長的葉片，感覺很自然，容易搭配其他草花。

● 菊科多年生草本植物 ● 株高 50至60cm ● 株幅 30至50cm
● 全日照 ● 一般土壤
● 過冬 ○ ● 越夏 ○ ● 利用類型 A

1	2	3	4	5	6	7	8	9	10	11	12

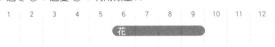
花

M.Amano

路邊青（Mai Tai）

開半重瓣花，充滿輕盈柔美感覺，最適合構成春意盎然的植栽。花色隨著氣溫與花開程度而呈現出微妙變化，由杏色轉變成粉紅色的漸層色彩最亮眼。由植株基部長出茂盛枝葉，植株小巧，姿態優美。成長速度快，秋天栽種，初夏開花的多年生草本植物開花前，枝頭上已經開滿漂亮花朵。

● 薔薇科多年生草本植物 ● 株高 20至40cm ● 株幅 30至40cm
● 全日照 ● 一般土壤
● 過冬 ○ ● 越夏 ○ ● 利用類型 A

1	2	3	4	5	6	7	8	9	10	11	12

花

M.Amano

歐石楠（White delight）

修長的枝條上，緊密地開出一朵朵細長形花朵。開出雪白花朵後，花朵越盛開，花瓣上漸漸地帶著粉紅色。冬季花壇容易顯得太平坦，歐石楠是營造高度與分量感不可或缺的植物。植株長太高時，進行截剪調整，分枝後姿態更漂亮。葉相當堅硬，比較不容易看出缺水現象。葉因為太乾燥而轉變成茶色，就無法恢復原來狀態，需留意。

● 杜鵑花科常綠灌木 ● 樹高 30至80cm ● 株幅 30至50cm
● 全日照 ● 一般土壤
● 過冬 ○ ● 越夏 △ ● 利用類型 B1

1	2	3	4	5	6	7	8	9	10	11	12

花

NP-Y.Itoh

圖中為Tweeny Peach。

M.Amano

天使花
（Angelface Wedgewood Blue）

開藍、白雙色花，充滿清涼感。耐高溫潮濕能力強，炎炎夏日也不停地開花。開大朵花的高性種天使花。高度與分量感十足，不會被其他植物搶盡光彩，可使庭園顯得更熱鬧。狹窄場所栽種也可當作植栽空間的主角。易分枝，花莖挺立，植株不會恣意地生長。勤快地摘除殘花，植株就會長得更茂盛，姿態更優美。

● 車前草科多年生草本植物（當作一年生草本植物）
● 株高 40至60cm ● 株幅 30cm ● 全日照 ● 一般土壤
● 過冬 × ● 越夏 ○ ● 利用類型 B2

1	2	3	4	5	6	7	8	9	10	11	12

花

摩洛哥雛菊（African Eyes）

修長的花莖頂端開出略小於瑪格麗特的花朵，植株基部長出呈現葉裂狀態的茂密枝葉，草姿清新俐落的植物。抽出許多修長花莖時的姿態最美。莖葉為銀色，開花時感覺更明亮。植株高度適中，適合種在花壇中央一帶，搭配低矮植物，種在植栽空間的前方，就能欣賞各種植物的美麗姿態。

● 菊科多年生草本植物 ● 株高 15至40cm ● 株幅 30至40cm
● 全日照 ● 一般土壤
● 過冬 ○ ● 越夏 △ ● 利用類型 B1

1	2	3	4	5	6	7	8	9	10	11	12

花

NP-Y.Itoh

繁星花（Star Cluster Lavender）

星形小花聚集成穗狀花，花期長，每一朵花都氣勢十足。植株高挑，深具觀賞價值，星形花特色鮮明，十分耀眼。耐暑性強，夏天也不停地開花。帶黑色的枝條，使淡雅花色顯得更凝聚，看起來更漂亮。建議搭配其他種類的花卉植物，更盡情地賞花。

● 茜草科常綠灌木（當作一年生草本植物）● 樹高 40至60cm
● 株幅 30至40cm ● 全日照 ● 一般土壤
● 過冬 × ● 越夏 ○ ● 利用類型 B2

1	2	3	4	5	6	7	8	9	10	11	12
			花								

千日紅（Audrey）

耐暑性強，陸續地開花。分量感適中的開花株，除了適合初夏改種時使用之外，也適合夏季至秋季補種時採用，易分株，栽種後易融入周邊的草花群中。獨特渾圓花型，一起栽種幾株，姿態更耀眼。一再地栽種，多栽種幾處，即可使植栽空間顯得更活潑生動。

● 莧科一年生草本植物 ● 株高 40至80cm ● 株幅 30至40cm
● 全日照 ● 一般土壤
● 過冬 × ● 越夏 ○ ● 利用類型 B2

1	2	3	4	5	6	7	8	9	10	11	12
				花							

白雪木

耐夏季高溫與乾燥能力強，花期長，可從春天一直欣賞到秋天。白色小花（苞葉）與易分枝的纖細枝條皆充滿著分量感，適合搭配任何種類花卉植物。組合栽種一株，即可使整個植栽空間顯得更明亮熱鬧。小巧白花還具備連結、柔化周邊各色花草色彩功能。植株長得太高大時，進行截剪即可調整姿態。

● 大戟科灌木（當作一年生草本植物）● 樹高 30至40cm
● 株幅 30至40cm ● 全日照 ● 一般土壤
● 過冬 × ● 越夏 ○ ● 利用類型 B2

1	2	3	4	5	6	7	8	9	10	11	12
				花							

圖為 Audrey Pink Imp。

巧克力波斯菊（Chocamocha）

耐暑性強，花期長，春季開花至秋季。易分枝，開花狀況良好。會開外形優雅漂亮、顏色深濃的巧克力色花朵。帶黑色的花色容易搭配任何種類的花，只是加入花色華麗的花，就充滿沉穩氛圍。除了外觀上具備巧克力元素之外，還散發著巧克力的香氣。

● 菊科多年生草本植物 ● 株高 30至40cm ● 株幅 30至40cm
● 全日照至半日陰 ● 一般土壤
● 過冬 △ ● 越夏 ○ ● 利用類型 B2

1	2	3	4	5	6	7	8	9	10	11	12

花

貓鬚草（Orthosiphon aristatus）

往外延伸的修長花蕊，像極了貓咪的鬍鬚。帶黑色的花莖與花朵的對比色彩最漂亮，以楚楚動人的姿態最誘人。植株旺盛生長，枝條越長越茂盛而更有氣勢。除了白花品種之外，還有帶淺紫色的種類。夏季看起來格外清新舒爽，與風情萬種的秋季花卉也很搭調，容易搭配任何種類的花。必須10℃以上才能度過寒冷的冬季。

● 唇形科多年生草本植物（當作一年生草本植物）
● 株高 40至60cm ● 株幅 40至50cm ● 全日照 ● 一般土壤
● 過冬 × ● 越夏 ○ ● 利用類型 B2

1	2	3	4	5	6	7	8	9	10	11	12

花

毛剪秋羅日文名為醉仙翁。
別名棉絨草。

毛剪秋羅

以布滿纖細棉毛，摸起來毛茸茸的銀葉最漂亮，開花前可當作彩葉植物欣賞。還有深粉紅色花品種。植株容易長高，但姿態優美，不會恣意生長或倒伏。陸續開花，可長期賞花，種在初夏開花，花期較短的花卉植物之間，就能延長植栽的觀賞期間。不耐潮濕，建議種在通風良好的場所。花後宜進行截剪。

● 竹科多年生草本植物 ● 株高 60至80cm ● 株幅 40至50cm
● 全日照 ● 易乾燥土壤至一般土壤
● 過冬 ○ ● 越夏 △ ● 利用類型 C

1	2	3	4	5	6	7	8	9	10	11	12

花

耬斗菜（Barlow）

花瓣尾端細尖的重瓣花，充滿纖細感，花色也豐富多彩。花朵開在修長的花莖上而顯得更優雅。帶藍色的葉也漂亮。抽出花莖後，植株顯得更高挑，植株不會恣意生長，由基部長出茂密枝葉，姿態清新俐落的植物。種在植栽空間的前方，除了賞花，還能欣賞美麗的姿態。避開夏季會直接照射到陽光的場所，就能度過炎熱夏季，但壽命短。掉落的種子就能繁殖。

● 毛茛科多年生草本植物 ● 株高 60至80cm ● 株幅 30至45cm
● 全日照至半日陰 ● 一般土壤
● 過冬 ○ ● 越夏 △ ● 利用類型 C

| 1 | 2 | 3 | 4 | 5 | 6 | 7 | 8 | 9 | 10 | 11 | 12 |

花

圖為Nora Barlow。

Lysimachia atropurpurea 'Beaujolais'

以帶黑色的酒紅色穗狀花最有個性。銀灰色的葉也很美，不會太搶眼，但讓人留下深刻印象。加入以柔美花色佔多數的初夏庭園，可使整個植栽空間顯得更凝聚，充滿優雅成熟氛圍。種在植栽空間前方，就能構成植栽觀賞焦點，吸引目光，花與葉也值得好好地欣賞。極端乾燥的場所需留意。

● 報春花科（櫻草科）多年生草本植物 ● 株高 30至50cm
● 株幅 25至35cm ● 全日照至半日陰 ● 一般土壤
● 過冬 ○ ● 越夏 △ ● 利用類型 C

| 1 | 2 | 3 | 4 | 5 | 6 | 7 | 8 | 9 | 10 | 11 | 12 |

花

芫荽

以白色蕾絲般纖細花朵最富魅力。呈現細緻葉裂狀態的葉片也漂亮，充滿自然氛圍。分量感適中，方便庭園裡栽種。易分枝，不間斷地開花。與初夏開花的草花搭配性絕佳，莖部分枝後交纏在一起，感覺更自然。掉落的種子容易繁殖。春季栽種開花苗，植株不會長得太高挑，可欣賞小巧植株就開花的美麗姿態。

● 繖形花科多年生草本植物（溫暖地區當作一年生草本植物）
● 株高 60至100cm ● 株幅40至50cm ● 全日照 ● 一般土壤
● 過冬 ○ ● 越夏 × ● 利用類型 C

| 1 | 2 | 3 | 4 | 5 | 6 | 7 | 8 | 9 | 10 | 11 | 12 |

花

土壤植物　彩葉植物　地被植物

Red Campion（紅色剪秋羅）的重瓣品種。

M.Amano

紅色剪秋羅（Firefly）

花朵雖小，但因重瓣花的分量感與螢光色般耀眼粉紅花色而吸引目光。花色華麗耀眼，但花朵大小與草姿感覺很協調，種在庭園裡也不會顯得雜亂。易分枝，開花狀況絕佳，植株高度適中，無論種在植株高挑或低矮的植物之間，整體上都能構成絕佳協調美感。花後進行截剪，溫暖地區栽種也能度過炎熱夏季。

● 竹科多年生草本植物 ● 株高 50至70cm ● 株幅 40至50cm
● 全日照 ● 一般土壤
● 過冬 ○ ● 越夏 △ ● 利用類型 C

| 1 | 2 | 3 | 4 | 5 | 6 | 7 | 8 | 9 | 10 | 11 | 12 |

花

Lupinus pixie delight

由白色、粉紅色到紫色，以藍色系的粉嫩花色最動人。淡雅花色顯得春意盎然，搭配不同花型的草花，更能展現花個性。魯冰花中花朵較小的品種，但植株易分枝，分枝後不間斷地抽出花莖，開出美麗的花朵。花穗分量感適中，也很適合種在空間狹窄，但希望欣賞華麗植栽的小角落。

● 豆科多年生草本植物（溫暖地區當作一年生草本植物）
● 株高 20至40cm ● 株幅 30至40cm ● 全日照 ● 一般土壤
● 過冬 ○ ● 越夏 × ● 利用類型 D1

| 1 | 2 | 3 | 4 | 5 | 6 | 7 | 8 | 9 | 10 | 11 | 12 |

花

四季迷（Rubella）

秋天長出許多圓形花蕾，冬季期間姿態幾乎不改變。可欣賞小巧紅色果實般色彩好長一段時間。初春期間植株上開滿白色小花。由花蕾到開花，驟然出現的變化最吸引人。具光澤感的常綠性綠葉也值得欣賞。植株成長速度慢，分枝後自然長成漂亮形狀，因此栽種後，好幾年不修剪也沒關係。

● 芸香科常綠灌木 ● 樹高 50至100cm ● 株幅 40至80cm
● 半日陰 ● 一般土壤
● 過冬 ○ ● 越夏 ○ ● 利用類型 A

1	2	3	4	5	6	7	8	9	10	11	12
蕾
花

↑冬季期間植株上長滿粉紅色花蕾，早春時節開花。

↑四季迷（Skimmia Japonica）的品種之一。

紫柳穿魚

抽出許多修長高挑的花莖，開著穗狀淺色小花，花姿很獨特。將植株栽培長大開出更多花，更值得好好地欣賞。種在初夏盛開的毛地黃等氣勢十足的花卉植物之間，就能構成絕佳協調美感，使整個植栽看起來更清新舒爽。帶藍色的葉也漂亮。莖部纖細硬挺，筆直抽出後不倒伏，姿態優美，植株不太會恣意地生長。

● 車前草科多年生草本植物 ● 株高 70至100cm
● 株幅 35至45cm ● 全日照 ● 一般土壤
● 過冬 ○ ● 越夏 △ ● 利用類型 C

1	2	3	4	5	6	7	8	9	10	11	12
花

別名多年生草本柳穿魚。圖為紫花品種，另有白花、粉紅花等品種。

女孃花（Coccineus）

深粉紅色小花聚集成穗狀花，分量感十足。花期長，由側芽抽出花莖後一再地開花。花不會太搶眼，但組合栽種其他種類草花，就能突顯花型，展現特色。帶藍色的厚實葉片也漂亮。不耐潮濕，夏季植株易損傷，溫暖地區栽種當作一年生草本植物更好。

● 忍冬科多年生草本植物 ● 株高 70至90cm ● 株幅 35至45cm
● 全日照 ● 一般土壤
● 過冬 ○ ● 越夏 △ ● 利用類型 C

1	2	3	4	5	6	7	8	9	10	11	12
花

日文別名紅鹿子草，也會以Red Valerian（紅纈草）名稱於市面上流通。

主要植物

毛地黃

修長花莖上緊密開著筒狀花，
以此為最大特徵的毛地黃，
最適合當作植栽空間主角的花卉植物，
個性十足的新品種陸續登場。

毛地黃英文名為Foxglove（狐狸手套）。顧名思義，修長的花莖上緊密地開著手套般漂亮的筒狀花。最適合栽培成植栽空間主角，象徵初夏庭園的花卉植物。

分量感與存在感兼備，卻又充滿著自然氛圍，也很適合搭配其他種類的草花。一起栽種幾株，周邊組合栽種不同花型的小花植物，以突顯毛地黃的花個性吧！

易栽培，秋天栽種，植株成長茁壯後，初夏就能開出氣勢磅礴的花。溫暖地區栽種時，花後不耐高溫與悶熱，難以越夏，因此建議當作一年生草本植物。半遮蔭環境亦可栽種，種在植栽空間的最裡頭或樹蔭底下等場所也賞心悅目。

● 車前草科多年生草本植物（溫暖地區當作一年生草本植物）
● 全日照至半日陰 ● 一般土壤
● 過冬 ○ 越夏 △
● 利用類型 C、A（僅限Illumination Flame）

1	2	3	4	5	6	7	8	9	10	11	12

花
花 (Illumination Flame)

NP-T.Maki

Polkadot Pippa

外側為帶茶色的杏色，內側為乳白色，內外顏色都漂亮，深具個性，甜美可愛的花卉植物。花色柔美，容易搭配其他草花。花穗長，花朵碩大，非常值得好好地欣賞。花期略晚於一般品種。開花後不會形成種子，因此花較持久，花期較長。

● 株高 80至100cm ● 株幅 40至50cm

Silver Fox

葉片表面密布細毛，毛茸茸質感的銀葉也很漂亮，開花前可當作彩葉植物欣賞。植株較小巧。白花與葉充滿協調美感。充滿柔美感覺，與初夏粉色花也很搭調，還可使整座庭園看起來更明亮。

● 株高 60至80cm ● 株幅 35至45cm

Dalmatian

植株小巧的早開品種。花朵碩大，開桃色花，系列品種中唯一沒有Spot（斑點）的品種，可欣賞清新柔美的花色。植株成長速度快，天氣不冷依然開花，初春栽種花苗，初夏就開花。小空間或栽培箱都適合栽種。

● 株高 50至60cm ● 株幅 35至45cm

Cafe Creme

內側為白色的茶色花，花朵緊密地開在修長的花穗上。小巧花朵很有個性，但感覺柔美。相較於其他品種毛地黃，花穗與葉都比較細長，一起栽種幾株，強調縱向線條，感覺更清新。沉穩花色散發著古典氛圍，可增添優雅氣息。

● 株高 60至90cm ● 株幅 40至50cm

Illumination Flame

花瓣外側為鮮豔粉紅色，內側為黃色感覺較強烈的橘色。因螢光花色與尾端尖峭的花瓣而特色鮮明。經屬間交配（＊）後誕生的新品種，易分枝，側枝也陸續開花。花後不會形成種子，因此花較持久，開花期也長。以常綠狀態過冬。

● 株高 60至90cm ● 株幅 40至60cm

＊屬間交配：與不同屬植物交配。
Illumination Flame為毛地黃與近親種Isoplexis交配後誕生。

矚目植物 2

中介植物

泡盛草

可將遮蔭庭園妝點得更優雅明亮的泡盛草。
花色、花型變化豐富多彩，
還有葉色漂亮的品種，
庭園植栽最活躍的中介植物。

妝點遮蔭庭園最具代表性的花卉植物。充滿分量感的獨特花姿，感覺很柔美的纖細花朵，庭園植栽空間最活躍的中介植物。葉片外形優美，呈現葉裂狀態，在圓葉佔多數的庭園裡成了觀賞焦點，負責營造變化。

中介植物種類中不乏開花前、後可當作彩葉植物，葉色漂亮，極具觀賞價值的品種。株高與花姿也各不相同，配合場所氛圍使用吧！

種在太陰暗的場所時，開花狀況當然不好，比較適合種在可避開夏季直射陽光或強烈西曬的明亮場所。水分不足時，葉會呈現皺縮現象，需留意。冬季期間地上部分消失，因此建議組合栽種常綠性地被植物。

● 虎耳草科多年生草本植物
● 半日陰至全日照 ● 一般土壤
● 過冬 ○ ● 越夏 ○ ● 利用類型 A

1	2	3	4	5	6	7	8	9	10	11	12
花
葉

M.Amano

Cappucino

剛萌芽長出帶銅色葉片時葉色最美，隨著成長，綠葉顏色越來越深。植株姿態優美，花的分量感十足。花與葉的顏色都素雅，因此感覺很清新。搭配花卉植物時，選用彩度較低的花色或以彩葉植物為主體，就能構成充滿優雅意趣的植栽。

● 株高 約60cm ● 株幅 約30cm

Color Flash

春天長出帶紅色的葉片後，綠葉漸漸地
轉變成紅葉的葉色最富魅力。花期晚於
其他品種的遲開種，植株成長後抽出一
根根修長花穗。淡雅粉紅色花與紅色花
莖的色彩對比也美不勝收。花後可當作
彩葉植物欣賞。秋天葉片轉變成帶橘色
的紅葉。
● 株高 40至50cm ● 株幅 約30cm

Strauss Senfeder

以植株可長高至1m的分量感與個性十足
的垂枝狀花姿最吸引人。可種在庭園的
後方，好好地運用大型草姿。既有高
度，又有呈現葉裂狀態的葉、纖細的粉
紅色花，一點也不會覺得有壓迫感，容
易搭配其他種類的植物。種在植栽空間
後方，冬天落葉時就不會太醒目。
● 株高 80至120cm ● 株幅 30至40cm

Thunder and Lightning

吸引目光的金黃色葉，春天發芽長葉
時，葉色最鮮豔、最耀眼。隨著夏天腳
步逼近，綠色漸強，但明亮的黃綠色葉
可當作彩葉植物欣賞。花色為深粉紅
色。花莖上緊密地開著花朵，用於強調
縱向線條，感覺更修長俐落。與深濃花
色相互襯托輝映，更引人注目。
● 株高 50至60cm ● 株幅 約30cm

Look at me

氣勢磅礴的粉紅色花穗，與轉變成紅色的
花莖構成的鮮明對比最美。植株小巧，
但種上一株也深具觀賞價值。明亮的花
色，搭配斑葉或金黃色葉時感覺明亮，
搭配銀葉或帶藍色葉時更優雅，搭配銅
葉則充滿沉穩氛圍。
● 株高 40至50cm ● 株幅 約30cm

彩葉植物

葉色漂亮的植物，
構成植栽的背景，
即可襯托花，
成為配色或重點色，
即可使植栽顯得更凝聚。

膝部高度

迷你葉牡丹

以多采多姿的葉色與葉形最具魅力。圓葉類型狀似玫瑰花，外形甜美，適合用於增添華麗感。耐寒性強，但氣溫回暖時，可能出現回色現象。因此建議氣溫下降後才入手。冬季期間美麗姿態幾乎維持不變，建議挑選葉數較多，姿態優美的植株。一起栽種幾株，種成葉片會相互碰觸到的狀態更漂亮。

● 十字花科多年生草本植物（當作一年生草本植物）
● 株高 10至20cm ● 株幅 15至25cm ● 全日照 ● 一般土壤
● 過冬 ○ ● 越夏 △ ● 利用類型 B1

1	2	3	4	5	6	7	8	9	10	11	12
葉											

M.Amano

紫葉半插花

葉表為具光澤感的銀灰色，葉背為深紫色。以典雅的金屬調葉片最美麗。莖部匍匐生長蔓延後，具圓潤度的大葉片漸漸地覆蓋住地面，可盡情地欣賞葉色之美。日照越強烈，葉片上的紅色越鮮明。5至7月植株上開滿小巧可愛的白色一日花。

● 爵床科多年生草本植物（當作一年生草本植物）
● 株高 10至20cm ● 株幅 40至70cm ● 全日照至半日陰
● 一般土壤 ● 過冬 × ● 越夏 ○ ● 利用類型 B2

1	2	3	4	5	6	7	8	9	10	11	12
葉											
花											

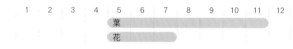

M.Amano

Hakusan

Ozeki Engei

M.Amano

↑遇冷就變色，初春的葉色。

攀根（Dolce Blackberry Tart）

適合當作彩葉植物，種在遮蔭環境欣賞，讓人留下這種深刻印象的攀根。事實上，Dolce是面對直射陽光與夏季炎熱天氣能力很強，種在較寬敞環境時，一年四季都能欣賞的系列。此品種特徵為漂亮的葉緣、優雅的葉脈紋路、氣溫越低顏色越深的紫色葉。植株茂盛生長後，頂部呈圓弧狀，深紫色葉片顯得更亮麗，將後方或旁邊的花襯托得更耀眼。

● 虎耳草科多年生草本植物 ● 株高 20至40cm ● 株幅 20至40cm
● 全日照至半日陰 ● 一般土壤
● 過冬 ○ 越夏 ○ 利用類型 A

1	2	3	4	5	6	7	8	9	10	11	12
葉

金絲桃（Gold form）

春季至秋季期間，處於半遮蔭環境時呈現萊姆綠色，充足照射陽光轉變成黃色，遇冷則轉變成漂亮的橘紅色，葉色變化萬千，美不勝收的金絲桃。植株小巧，枝條呈放射狀茂盛生長。葉片具圓潤度，可盡情地欣賞葉色之美。枝條太長時進行修剪，就能增加枝條數。

● 金絲桃科多年生草本植物 ● 樹高 30至50cm ● 株幅 30至50cm
● 全日照至半日陰 ● 一般土壤
● 過冬 ○ 越夏 ○ 利用類型 A

1	2	3	4	5	6	7	8	9	10	11	12
葉

Coprosma（Chocolate Repens）

以具光澤感，表面光滑細緻的銅色葉最漂亮。半遮蔭環境也適合栽種，希望欣賞漂亮葉色則需種在全日照場所。氣溫下降時葉色更鮮豔。屬於常綠性植物，是妝點冬季庭園的寶貴素材。耐寒性較弱，庭園栽種時，需挑選可遮蔽寒風與強霜的場所。充滿獨特氛圍的葉，搭配彩葉植物或顏色鮮明的花卉植物，葉的特色就能更淋漓盡致地發揮。

● 茜草科常綠灌木 ● 樹高 25cm ● 株幅 30至50cm
● 全日照至半日陰 ● 一般土壤
● 過冬 △ 越夏 ○ 利用類型 A

1	2	3	4	5	6	7	8	9	10	11	12
葉

Lay House

薹草（Jenneke）

葉片中央有一條明亮的黃色中斑，兩旁為綠色。葉片細窄而輕盈。以密生葉片，呈放射狀展開的禾草類特有姿態最具特徵。容易搭配任何種類的草花植物，加入植栽空間後，就能營造出分量感與生動活潑氛圍。屬於常綠性植物，適合種在希望隨時都充滿綠意的場所。成長速度緩慢，狹窄場所也適合栽種，入手也容易。

◉ 莎草科多年生草本植物 ◉ 株高 15至30cm ◉ 株幅 25至35cm
◉ 全日照至半日陰 ◉ 一般土壤
◉ 過冬 ○ 越夏 ○ 利用類型 A

	1	2	3	4	5	6	7	8	9	10	11	12
葉												

Ogihara

木藜蘆（Makijaz）

葉斑狀態比原生種更鮮明，照射陽光也不太會出現葉燒現象。葉具光澤感，遇冷轉變成紅葉，葉斑則轉變成粉紅色。植株小巧，但因枝條呈放射狀展開而充滿分量感。全日照至半遮蔭都適合栽種，但種在明亮場所更顯色、更漂亮。葉形清新俐落，無論日式或西式植栽空間都適合採用。春天開出狀似鈴蘭的白色小花。

◉ 杜鵑花科常綠灌木 ◉ 樹高 30至50cm ◉ 株幅 50至70cm
◉ 全日照至半日陰 ◉ 一般土壤
◉ 過冬 ○ 越夏 ○ 利用類型 A

	1	2	3	4	5	6	7	8	9	10	11	12
葉												
花												

Plant Network

→春季至秋季期間的狀態。

↑遇冷而轉變成紅葉的植株。

NP-T.Maki

可能以Leucothoe（Makijaz）名稱流通。

Ballota pseudodictamnus

以表面布滿胎毛般纖細綿毛，質感綿柔的葉最迷人。葉片小巧，容易組合搭配其他種類植物，植株筆直生長，易融入周邊環境。春季至初夏期間，開出淺粉紅色小花。初夏以後，長出莖部，植株易顯雜亂，適時進行截剪調整，即可維持優雅姿態。葉散發著甘甜香氣。

◉ 唇形科多年生草本植物 ◉ 株高 15至50cm ◉ 株幅 25至40cm
◉ 全日照 ◉ 一般土壤
◉ 過冬 ○ 越夏 ○ 利用類型 A

	1	2	3	4	5	6	7	8	9	10	11	12
葉												
花												

M.Amano

可能以Ballota名稱流通。

NPY.Itoh

銀旋花（Convolvulus cneorum）

具金屬光澤感的銀葉植物。光反射時最美，密生細葉，抽
出花徑的姿態也很清新。植株茂盛生長後，頂端呈半圓
形，春季至初夏期間開花，花徑5cm的圓形花與葉形成漂
亮的對比。開花後，到了傍晚花就合上。屬於常綠性植
物，一年到頭都能欣賞美麗的葉。花後或植株太雜亂時，
宜適度地截剪。

- 旋花科常綠灌木　● 樹高 40至70cm　● 株幅 30至50cm
- 全日照　● 一般土壤
- 過冬 ○　● 越夏 ○　● 利用類型 A

1	2	3	4	5	6	7	8	9	10	11	12
葉
花

Lay House

Ceratostigma（Desert Skies）

春天發芽長葉後至秋末，植株上都長著漂亮的萊姆色葉。
初夏至秋季開出藍色小花，與葉形成的鮮明對比也深具魅
力。纖細枝條長成放射狀，充滿輕盈感，往四面八方伸
展，種在庭園中央一帶或後方，就能肩負起連結草花與樹
木的重任。初夏過後，枝條旺盛生長，生長太旺盛的枝條
宜適度地截剪。冬季落葉。

- 藍雪科落葉灌木　● 樹高 30至60cm　● 株幅 40至60cm
- 全日照　● 一般土壤
- 過冬 ○　● 越夏 ○　● 利用類型 A

1	2	3	4	5	6	7	8	9	10	11	12
葉
花

藿香（Golden Jubilee）

薰衣草色花與金黃色葉的鮮明對比最吸引目光。春天長出
新芽更是美不勝收，從發芽長葉至落葉都能欣賞美麗的葉
色。植株成長後相當高大，多次截剪即可維持小巧姿態。
秋季期間一再地開花。葉散發香草般甘甜香氣。冬季地上
部分枯萎而消失。半遮蔭環境也能生長，但種在全日照環
境，黃色更強，葉色更美。

- 唇形科多年生草本植物　● 株高 40至90cm　● 株幅 30至50cm
- 全日照至半日陰　● 一般土壤
- 過冬 ○　● 越夏 ○　● 利用類型 A

1	2	3	4	5	6	7	8	9	10	11	12
葉
花

Ogihara

在日本可能以斑葉新風輪菜名稱流通。

大花新風輪菜（Variegata）

以細細的散斑最漂亮，葉片散發薄荷般香氣。初夏至夏季期間，可欣賞甜美可愛的粉紅色花。體質強健，耐暑性、耐寒性皆強。冬季地上部分枯萎而消失。小巧花朵與葉充滿自然氛圍，容易搭配任何種類的花卉植物。組合栽種後，可使整個植栽空間顯得更明亮，充滿清涼感。

◉ 唇形科多年生草本植物 ◉ 株高 20至40cm ◉ 株幅 20至30cm
◉ 全日照 ◉ 一般土壤
◉ 過冬 ○ ◉ 越夏 ○ ◉ 利用類型 A

1	2	3	4	5	6	7	8	9	10	11	12
葉											
花											

桂竹香（Cotswold Gem）

葉片上有明亮乳白色葉斑，常綠植物，植株茂盛生長，開花前就賞心悅目。花初開時帶橘紅色，漸漸地轉變成帶紫色。抽出花穗後開花，一枝花莖上開出夾雜著各種花色的美麗花朵。花與葉的色彩對比也吸引目光。植株老化後，基部木質化，下葉枯萎，植株本身壽命也很短，因此建議定期地進行插芽更新。

◉ 十字花科多年生草本植物 ◉ 株高 50至70cm ◉ 株幅 25至35cm
◉ 全日照 ◉ 一般土壤
◉ 過冬 ○ ◉ 越夏 △ ◉ 利用類型 B1

1	2	3	4	5	6	7	8	9	10	11	12
葉											
花											

桂竹香日文名為匂紫羅欄花，英文名Wallflower。

Veronica Grace

邁入冬季後，隨著氣溫下降，漸漸地轉變成巧克力色，具光澤感的葉最美。春天來臨時，葉子恢復綠色。初夏至秋季，抽出外形優美的藍色圓錐形花穗，與葉的色彩對比更是美不勝收。草姿不雜亂，適度地抽出花莖後，長得更茂盛。秋天栽種大株，就能構成充滿分量感的植栽場面。

◉ 車前草科多年生草本植物 ◉ 株高 20至40cm ◉ 株幅 25至35cm
◉ 全日照 ◉ 一般土壤
◉ 過冬 ○ ◉ 越夏 △至× ◉ 利用類型 B1

1	2	3	4	5	6	7	8	9	10	11	12
葉											
花											

銀葉菊別名Dusty Miller。

N.Yamamoto

Hakusan

銀葉菊（Cirrus）

以表面布滿纖細綿毛，充滿綿柔質感的銀葉最富魅力。葉裂淺的圓葉，可盡情地欣賞葉色與質感。加入後使整個植栽空間顯得更明亮，前方搭配小花植物，大葉成了背景，花朵看起來更清新。初夏開花，草姿易顯雜亂，植株體質也比較弱，視為一年生草本植物即可。

● 菊科多年生草本植物 ● 株高 15至50cm ● 株幅 25至35cm
● 全日照 ● 一般土壤
● 過冬 ○ ● 越夏 △ ● 利用類型 B1

1	2	3	4	5	6	7	8	9	10	11	12
葉											

金魚草（Bronze Dragon）

帶黑色的銅色葉、白與紫色的雙色花，充滿色彩對比之美的花卉植物。秋天栽種，植株成長茁壯，一到了春季，長出茂盛的枝葉後，姿態更美。修長挺立的外形也優雅漂亮，冬季不開花，但常綠葉值得好好地欣賞。加入花色明亮或感覺鮮明的植栽群中，就顯得更有層次，感覺更沉穩。

● 車前草科多年生草本植物（當作一年生草本植物）
● 株高 20至40cm ● 株幅 25至35cm ● 全日照 ● 一般土壤
● 過冬 ○ ● 越夏 △至× ● 利用類型 B1

1	2	3	4	5	6	7	8	9	10	11	12
葉											
		花									

辣椒（Purple Flash）

帶黑色的紫色葉片上夾雜著白色斑紋，個性十足的觀賞用辣椒。植株小巧，橫向生長，易分枝。草姿不亂，易栽培成優美姿態，還會結出深紫色圓形小辣椒。葉色深濃，搭配色彩明亮的彩葉植物或花卉植物，就能構成更有層次，色彩更鮮豔的植栽。體質強健，耐暑性強，只要避免缺水就容易栽培。

● 茄科多年生草本植物（當作一年生草本植物）● 株高 30至40cm
● 株幅 30至40cm ● 全日照 ● 一般土壤
● 過冬 × ● 越夏 ○ ● 利用類型 B2

1	2	3	4	5	6	7	8	9	10	11	12
				葉							
				實							

M.Amano

M.Amano

腰上高度

上要植物

中介植物

膝部高度

地被植物

吊鐘柳（Husker Red）

帶黑色的葉最漂亮，秋季栽種後，可當作彩葉植物欣賞，與初夏綻放，帶淺粉紅色的花朵形成漂亮的色彩對比。耐暑性強，溫暖地區也容易栽培。開花後，高挑的植株、分量感十足的枝葉，使庭園景色顯得更優雅凝聚。花朵小巧，易融入周邊草花，前方搭配花色淡雅的植物，就能彼此突顯襯托。

- 車前草科多年生草本植物 ● 株高 70至100cm
- 株幅 40至50cm ● 全日照 ● 一般土壤
- 過冬 ○ ● 越夏 ○ ● 利用類型 A

	1	2	3	4	5	6	7	8	9	10	11	12
葉												
				花								

灌叢石蠶

以無光澤質感的銀葉最具觀賞價值，初夏就能欣賞淺薰衣草色的花。常綠性植物，體質強健，容易栽培。枝條生長狀況良好，株姿雜亂時，需適時地進行截剪。植株耐強剪，經常修剪就能維持在50cm左右高度。植株長大前即定期修剪，即可增加枝條數，枝葉長得更茂密，姿態更美。

- 唇形科常綠灌木 ● 樹高 20至100cm ● 株幅 50至80cm
- 全日照 ● 一般土壤
- 過冬 ○ ● 越夏 ○ ● 利用類型 A

	1	2	3	4	5	6	7	8	9	10	11	12
葉												
			花									

↓初夏開的花。

NP-T.Maki

M.Amano

女真（Lemon & Lime）

萊姆綠色細小葉片上有黃色覆輪，色彩明亮的植物。春天長出新芽時，顏色更鮮豔、更漂亮。體質強健，植株旺盛生長，葉芽萌發能力強，太長的枝條需適時地截剪，耐強剪，適合栽種構成圍籬。種在全日照場所，葉色更亮麗。寒冷地區栽種時，呈現半常綠狀態。植株上密生細小葉片與纖細枝條，可使植栽空間顯得更柔美。

- 木犀科常綠灌木 ● 樹高 100至200cm ● 株幅 40至100cm
- 全日照至半日陰 ● 一般土壤
- 過冬 ○ ● 越夏 ○ ● 利用類型 A

	1	2	3	4	5	6	7	8	9	10	11	12
葉												

M.Amano

M.Amano

Hayashi shokuen

M.Amano

↑冬季轉變成紅色。右為春季開花時狀態。

紅竹葉（Red Star）

細長銅葉呈放射狀展開的姿態最美。種在植株茂盛生長的草花後方，可使整個植栽空間顯得更凝聚，看起來更清新優雅。栽培多年後，主幹抽高就會呈現出高度。植株遇強冷空氣就枯萎。草姿線條感鮮明，組合栽種即可使植栽空間顯得更優雅，充滿現代感。

● 門冬科常綠灌木 ● 樹高 50 至 200cm ● 株幅 50 至 70cm
● 全日照至半日陰 ● 一般土壤
● 過冬 ○至△ ● 越夏 ○ ● 利用類型 A

1	2	3	4	5	6	7	8	9	10	11	12
葉											

大花六道木（Kaleidoscope）

葉上有斑紋，春天為明亮黃色，夏天呈現金黃色，秋天變成橘色，冬天則轉變成紅色。大花六道木種類中植株較小巧，生長速度較慢的品種，葉片碩大，具光澤感，相當漂亮。常綠性植物，適合種在希望隨時都綠意盎然的場所。植株耐修剪，萌芽狀況良好，只要在春季至秋季期間一再地修剪，就能維持小巧姿態。

● 忍冬科常綠灌木 ● 樹高 40 至 60cm ● 株幅 40 至 60cm
● 全日照至半日陰 ● 一般土壤
● 過冬 ○ ● 越夏 ○ ● 利用類型 A

1	2	3	4	5	6	7	8	9	10	11	12
葉											
		花							花		

大戟（Ascot Rainbow）

漂亮的黃色斑葉品種。春天萌發的葉芽帶紅色，再轉變成檸檬黃色。冬季紅葉也美不勝收。開花狀況良好，會不斷地開花。為大戟類植物中植株較小，體質相當強健的品種。姿態優美不雜亂。草姿與花朵個性十足，適合用於構成令人印象深刻的植栽畫面。常綠性植物，一年到頭都賞心悅目。

● 大戟科多年生草本植物 ● 株高 60 至 80cm ● 株幅 30 至 50cm
● 全日照 ● 一般土壤
● 過冬 ○ ● 越夏 ○ ● 利用類型 A

1	2	3	4	5	6	7	8	9	10	11	12
葉											
		花									

Ogihara

↑春天就會開花。

Ogihara

109

亮綠忍冬（Red Chip）

帶銅色的新芽與綠葉形成漂亮對比，姿態優雅的植物。
呈放射狀茂密生長的枝條上，密生尾端較尖，具光澤感
的細小葉片。種在全日照環境時，新芽顏色更亮麗。植
株生長速度快，枝條伸展狀況佳，宜經常進行截剪。耐
強剪，可大幅修剪植株高度，還可當作地被植物。

● 忍冬科常綠灌木 ● 樹高 50至80cm ● 株幅 50至80cm
● 全日照至半日陰 ● 一般土壤
● 過冬 ○ 越夏 ○ 利用類型 A

1	2	3	4	5	6	7	8	9	10	11	12
葉											

Caryopteris（Summer Sorbet）

葉上有萊姆綠葉斑，充滿明亮色彩的植物。初夏至秋季
期間，一層層地依序往上開出淺紫色花，花與葉的色彩
對比也深具魅力。體質強健，容易栽培，但冬季落葉，
組合栽種常綠性植物，冬季庭園也不寂寥。初春進行截
剪調整，春天以後植株就能維持小巧優美姿態。

● 唇形科落葉灌木 ● 樹高 20至90cm ● 株幅 30至40cm
● 全日照 ● 一般土壤
● 過冬 ○ 越夏 ○ 利用類型 A

1	2	3	4	5	6	7	8	9	10	11	12
			葉								
				花							

紫莖澤蘭（Chocolate）

春季至秋末期間的銅葉最漂亮，秋季還可欣賞銅葉與白
花的色彩對比之美。採庭植方式時，第二年植株可高達
1m以上。夏季前進行截剪，就會以小巧優美的姿態開
花，植株也不倒伏。冬季地上部分枯萎後，可由植株基
部進行截剪。避免老葉與新芽夾雜存在，第二年春天的
植株姿態會更美。

● 菊科多年生草本植物 ● 株高 20至100cm ● 株幅 30至40cm
● 全日照至半日陰 ● 一般土壤
● 過冬 ○ 越夏 ○ 利用類型 A

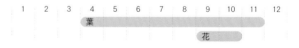

1	2	3	4	5	6	7	8	9	10	11	12
		葉									
						花					

紫葉風箱果（Little Devil）

相較於一般品種Diabolo，植株更小巧。漂亮的銅葉也比較小，枝條上密生葉片。初夏期間，枝條上節點緊密開出手毯狀粉紅色花，花朵小巧卻美不勝收。夏季期間葉色依然美麗，觀賞期間長。葉片小巧，枝條纖細，容易搭配任何草花，銅葉也不會顯得太暗沉，也很適合作為喬木與草花的中介植物。冬季會落葉。

- 薔薇科落葉灌木 ● 樹高 100cm ● 株幅 80cm
- 全日照 ● 一般土壤
- 過冬 ○ 越夏 ○ 利用類型 A

1	2	3	4	5	6	7	8	9	10	11	12
		葉									
		花									

羽絨狼尾草（Fireworks）

顏色亮麗，帶紅色的銅葉，葉片上的粉紅色條狀斑紋色彩更鮮豔。夏末抽出氣勢磅礴的修長紅色大花穗時更美。初夏及早栽種，植株栽培長大後，抽出修長花穗，觀賞價值大大提昇。日照不足時，葉色暗沉。植株高挑，細長葉與花穗隨風搖曳，充滿律動感與清涼意象。

- 禾本科多年生草本植物 ● 株高 30至80cm ● 株幅 40至60cm
- 全日照 ● 一般土壤
- 過冬 × 越夏 ○ 利用類型 B2

1	2	3	4	5	6	7	8	9	10	11	12
				葉							
					穗						

鞘蕊花（Marty）

扦插後栽培，植株生長旺盛的鞘蕊花。不容易開花，因此姿態不雜亂，氣勢十足，容易維持美麗姿態。明亮螢光色般萊姆色與粉紅色的漸層色彩最漂亮，遠看就很吸睛。容易搭配任何種類的草花，可使前方小花顯得更明亮，看起來更清新。趁植株長大前一再地摘心，枝條數與葉數增加，姿態更美。

- 唇形科多年生草本植物（當作一年生草本植物）● 株高 30至70cm
- 株幅 40至60cm ● 全日照至半日陰 ● 一般土壤
- 過冬 × 越夏 ○ 利用類型 B2

1	2	3	4	5	6	7	8	9	10	11	12
			葉								

地被植物

本書中將植株低矮，
覆蓋地面的植物視為地被植物。
通常種在植栽空間前方，
具有襯托其他種類草花，
使整個植栽空間顯得更優雅漂亮等效果。

台灣珍珠菜（Midnight Sun）

漂亮銅葉蔓延生長後覆蓋地面。耐屬性、耐寒性皆強，植株生長狀況良好，蔓延範圍太廣時，需適時地截剪。初夏開滿黃色花，與葉的色彩對比也漂亮。一整年都長著銅色葉，可襯托後方草花，使整個植栽空間顯得更清新舒爽。種於立體花壇時可欣賞優雅的垂枝狀態。

- 報春花科（櫻草科）多年生草本植物 ● 株高 5至10cm
- 株幅 40至60cm ● 全日照至半日陰 ● 一般土壤至濕潤土壤
- 過冬 ○ 越夏 ○ 利用類型 A

1	2	3	4	5	6	7	8	9	10	11	12
葉											
			花								

←初夏開黃色花。

百里香（Foxley）

百里香種類中最漂亮的斑葉品種。覆蓋地面似地橫向蔓延生長，相較於其他品種，生長速度較緩慢。初夏開粉紅色花。春季新芽或冬季期間接觸過寒冷空氣後，白斑部分就會轉變成粉紅色。植株太雜亂時易悶熱，花後進行截剪，促進通風，更容易度過炎夏。葉散發著清新香氣。

- 唇形科常綠灌木 ● 樹高 15至20cm ● 株幅 25至35cm
- 全日照 ● 一般土壤
- 過冬 ○ 越夏 ○ 利用類型 A

1	2	3	4	5	6	7	8	9	10	11	12
葉											
			花								

→氣勢磅礴的垂枝狀態。

M.Amano

Jardin

→春季至初夏開花。

地被婆婆納（Georgia Blue）

莖葉輕盈柔軟，往橫向蔓延生長，一到了春天，植株上開滿鈷藍色小花。花後進行截剪，調整姿態，增加枝條數後，夏季至秋季期間植株茂盛生長，姿態更優美。種在可避開夏季直射陽光的場所，更容易越夏。冬季遇冷，葉就轉變成漂亮銅色。植株成長茁壯後，春天冒出更多新芽，開花狀況極為良好。

- 車前草科多年生草本植物 ● 株高 10至20cm ● 株幅 20至40cm
- 全日照至半日陰 ● 一般土壤
- 過冬 ○ 越夏 ○ 利用類型 A

1	2	3	4	5	6	7	8	9	10	11	12
葉

花

小蔓長春花（Illumination）

葉片上有漂亮的中斑。由植株基部長出茂密的修長枝條上，連結著細小葉片，種在立體花壇或有高度的栽培箱時，優雅曼妙的垂枝最值得好好地欣賞。春天由植株基部長出新芽時，保留新芽，由基部修剪掉老葉，由新葉取代老葉後姿態更美。春季至初夏開淺紫色花，花與葉的對比也漂亮。

- 夾竹桃科多年生草本植物 ● 株高 5至10cm ● 株幅 30至80cm
- 全日照至半日陰 ● 一般土壤
- 過冬 ○ 越夏 ○ 利用類型 A

1	2	3	4	5	6	7	8	9	10	11	12
葉
花

黃花野芝麻

綠葉上的銀色斑紋最美，與春季至初夏綻放的黃色花也充滿協調美感。植株生長旺盛，莖部節點長出根部後，於地面上匍匐生長，蔓延範圍太大時，需適時地截剪。種在遮蔭處也能生長，但環境太陰暗時，開花狀況較差。最適合種在可避開夏季直射陽光的場所。

- 唇形科多年生草本植物 ● 株高 10至30cm ● 株幅 40至70cm
- 半日陰 ● 一般土壤
- 過冬 ○ 越夏 ○ 利用類型 A

1	2	3	4	5	6	7	8	9	10	11	12
葉

花

NP-H.Imai

白花匍莖通泉草

在地面上爬行似地，莖部匍匐生長，顏色明亮的綠色小葉茂密生長，宛如鋪上地墊。莖葉纖細容易埋入縫隙間，也耐踩踏，因此適合種在庭園踏石等接縫處。開花狀況良好，春天植株上開滿小白花。半遮蔭環境也適合栽種，但種在全日照環境時，開花狀況更好。太乾燥環境需留意。

◎蠅毒草科多年生草本植物　◎株高 10至15cm　◎株幅 30至50cm
◎全日照至半日陰　◎一般土壤至濕潤土壤　◎過冬○　◎越夏○
◎利用類型 A

1	2	3	4	5	6	7	8	9	10	11	12
葉											
		花									

NP-T.Maki

斑葉南芥菜

乳白色外斑，冬季氣溫下降就轉變成粉紅色，與具圓潤度的刮板狀葉相互輝映，而顯得更甜美可愛。覆蓋地面似地蔓延生長，於地際長出茂密葉片。春季至初夏抽出花莖後開小白花。花看起來像輕飄飄地浮在空中。夏季需避免太潮濕。種在可避開直射陽光的場所更容易越夏。

◎十字花科多年生草本植物　◎株高 10至20cm　◎株幅 15至25cm
◎全日照至半日陰　◎一般土壤
◎過冬○　◎越夏△　◎利用類型 A

1	2	3	4	5	6	7	8	9	10	11	12
葉											
		花									

M.Amano

高寒菫菜

以帶黑色的常綠性葉最美，開淺紫色花時更優雅漂亮。嚴寒冬季容易停止開花，花期長，秋季至初夏則一再地開花。植株易往橫向生長，不太會長高。具耐暑性，菫菜類植物耐暑性較強的植物，但初夏以後還是以種在半遮蔭場所的植株比較容易越夏。

◎菫菜科多年生草本植物　◎株高 10至20cm　◎株幅 20至25cm
◎全日照至半日陰　◎一般土壤
◎過冬○　◎越夏△　◎利用類型 A

1	2	3	4	5	6	7	8	9	10	11	12
葉											
花											

M.Amano

也會以高寒菫菜（Purpurea）、宿根菫紫式部名稱流通。

日本也會以黃金葉苗代莓名稱流通。

馬蹄金。

紅梅消（Sunshine Spreader）

木莓的同類，以漂亮的萊姆黃色圓形葉片最富魅力。枝條在地面上爬行似地蔓延生長。體質強健，種在貧瘠土地上也能生長。植株生長旺盛，蔓延範圍太廣時，需適時地截剪。氣溫上升後，葉也不褪色，春天長出的新芽更鮮豔。初夏期間枝頭上開粉紅色花，夏季結紅色果。枝條上長著小刺。

- 薔薇科落葉灌木（半蔓性植物）● 樹高 20至30cm ● 株幅 40至200cm
- 全日照 ● 一般土壤
- 過冬 ○ ● 越夏 ○ ● 利用類型 A

1	2	3	4	5	6	7	8	9	10	11	12

葉

花

Dichondra Sericea

以有光澤的圓形銀葉最吸引人。特徵為，相較於市面上常見的銀瀑馬蹄金，生長速度緩慢許多。幾乎不會呈現垂枝狀，莖葉茂密生長，植株小巧，姿態優美。可確實地覆蓋地面，因此最適合需要填滿小空隙時栽種。具耐寒性，種在室外也能過冬。種在全日照環境時，葉色更美。

- 旋花科多年生草本植物 ● 株高 5至10cm ● 株幅 25至30cm
- 全日照 ● 一般土壤
- 過冬 ○ ● 越夏 ○ ● 利用類型 A

1	2	3	4	5	6	7	8	9	10	11	12

葉

Sweet Alyssum Super Alyssum Frosty Night

扦插繁殖的香雪球。纖細清晰的乳白色外斑，感覺甜美又明亮。栽種一株就能長成大株，種於立體花壇，就能完整地欣賞垂枝狀草姿。耐暑性、耐寒性皆強，一年四季都長著漂亮的葉。四季開花種，花期也長，除了寒冬季節之外，不間斷地開花。

- 十字花科多年生草本植物 ● 株高 20至30cm ● 株幅 40至50cm
- 全日照 ● 一般土壤
- 過冬 ○ ● 越夏 ○ ● 利用類型 A

1	2	3	4	5	6	7	8	9	10	11	12

葉

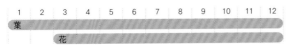

花

別名Lippia。

鴨舌癀

長著細長小葉的莖部，在地面上爬行似地蔓延生長，莖部附著地面後，由節點長出根部，長成綠色地毯般狀態。根部深入土壤裡，相當耐踩踏。開著小花聚集，花徑約1.5cm的手毯狀花，四季開花，可長久賞花。花色由白色至粉紅色。植株生長旺盛，亦可當作雜草對策，但容易入侵周邊植栽，需適時地拔除。

- 馬鞭草科多年生草本植物 ● 株高 5至10cm ● 株幅 30至50cm
- 全日照 ● 一般土壤
- 過冬 ○ ● 越夏 ○ ● 利用類型 A

1	2	3	4	5	6	7	8	9	10	11	12
葉
花

Helichrysum petiolare silver

莖葉密生綿毛，以毛茸茸質感的圓形小葉最具特徵。莖部伸長後，覆蓋地面似地蔓延生長。性喜乾燥，太悶熱時易掉下葉，因此應避免太潮濕。蔓延生長範圍太大時，需經常截剪。初夏開花，花不搶眼，草姿易雜亂，需趁早修剪。

- 菊科多年生草本植物 ● 株高 10至30cm ● 株幅 30至50cm
- 全日照 ● 一般土壤至易乾燥土壤
- 過冬 ○ ● 越夏 ○ ● 利用類型 A

1	2	3	4	5	6	7	8	9	10	11	12
葉

馬蹄金（Dichondra Micrantha）

葉茂密生長，緊密地長出圓形小葉，植株低矮，走莖旺盛生長，蔓延生長成地毯狀。市面上流通大多為種子，播種長成植株後覆蓋地面，覆蓋率約10g／㎡。適合播種時期為5月中旬至7月中旬。播種後，可能長滿庭園踏石間或小空隙間而充滿自然氛圍。不適合草坪生長的遮蔭環境可善加利用。

- 旋花科多年生草本植物 ● 株高 3至5cm ● 株幅 25至50cm
- 全日照至半日陰 ● 一般土壤
- 過冬 ○ ● 越夏 ○ ● 利用類型 A

1	2	3	4	5	6	7	8	9	10	11	12
葉

←初夏開花。

別名Polygonum。

NP-Y.Itoh

NP-Y.Itoh

水芹（Flamingo）

漂亮的粉紅色斑葉水芹。低溫期，粉紅色葉斑更鮮豔，氣溫升高後，轉變成綠色。植株生長旺盛，走莖橫向蔓延生長。蔓延範圍太大時，需適時地拔除。初夏開白色小花，開花時植株長高，適度地截剪即可調整草姿，維持小巧優美姿態。以半常綠至落葉狀態過冬。

● 繖形花科多年生草本植物 ● 株高 20至30cm ● 株幅 40至80cm
● 全日照至半日陰 ● 一般土壤
● 過冬 ○ 越夏 ○ 利用類型 A

1	2	3	4	5	6	7	8	9	10	11	12

葉

頭花蓼（粉團蓼）

花期長，初夏至秋季期間，開金平糖（星形糖果）般直徑約1cm的粉紅色圓形小花。葉上的蓼科特有V形葉斑也甜美可愛。植株生長旺盛，迅速地蔓延生長，蔓延範圍太大時，宜適時地截剪。耐暑性強又耐乾燥，可從初夏欣賞至秋季，冬季地上部分枯萎。另有斑葉品種。

● 蓼科多年生草本植物 ● 株高 5至15cm ● 株幅 40至80cm
● 全日照 ● 一般土壤
● 過冬 ○ 越夏 ○ 利用類型 A

1	2	3	4	5	6	7	8	9	10	11	12

葉

花

台灣珍珠菜（Lyssi）

色澤明亮的綠色大葉上，不規則地分布著黃色葉斑，顏色漂亮又鮮豔。在地上爬行似地蔓延生長，黃色花一起開在莖部頂端，開花期間精采無比。性喜濕潤，不喜歡乾燥環境。冬季落葉。可能出現葉燒現象，需避開夏季直射陽光。但種在明亮場所時，葉色更鮮豔。

● 報春花科（櫻草科）多年生草本植物 ● 株高 10至20cm
● 株幅 40至60cm ● 全日照至半日陰 ● 一般土壤至濕潤土壤
● 過冬 ○ 越夏 ○ 利用類型 A

1	2	3	4	5	6	7	8	9	10	11	12

葉

花

M.Amano

Scutellaria alpina 'Arcobaleno'

植株茂盛生長後橫向蔓延,陸續開出摻雜白色的藍色或粉紅色雙色小花的姿態最迷人。葉片小巧,開花後更華麗。冬季地上部分枯萎後消失。植株不易長高,容易維持小巧株形。體質強健,容易栽培,花後截剪即可維持優美草姿。性喜排水良好的場所。

◎ 唇形科多年生草本植物 ◎ 株高 15至25cm ◎ 株幅 20至30cm
◎ 全日照 ◎ 一般土壤
◎ 過冬 ○ 越夏 ○ 利用類型 A

1	2	3	4	5	6	7	8	9	10	11	12
				花							

夏雪草(白耳菜草)

細緻的銀色葉與纖細莖部,充滿纖細美感,覆蓋地面似地蔓延生長成地毯狀。一到了春天,枝頭上開滿白色小花時更是美不勝收。太悶熱時,植株基部易損傷,建議種在排水、通風狀況皆良好的立體花壇或斜坡地上。減少施肥,開花狀況更好。種在有高度的植栽空間邊緣,溢出設施似地呈現垂枝狀態,感覺更優雅自然。

◎ 竹科多年生草本植物(當作一年生草本植物)
◎ 株高 10至20cm ◎ 株幅 30至40cm ◎ 全日照 ◎ 一般土壤
◎ 過冬 ○ 越夏 × 利用類型 B1

1	2	3	4	5	6	7	8	9	10	11	12
葉											
		花									

白玉草(Druett's Variegata)

秋季至早春時期,乳白色葉斑最漂亮,最適合當作彩葉植物欣賞,春天來臨後,就能欣賞個性十足,以渾圓飽滿花萼為特徵的白花。具耐寒性,秋天栽種,植株成長茁壯後,春天的開花狀況更好。耐夏季高溫潮濕能力較弱,建議當作一年生草本植物栽培。性喜偏乾環境,建議種在立體花壇邊緣,構成花壇滾邊。

◎ 竹科多年生草本植物(當作一年生草本植物)
◎ 株高 10至20cm ◎ 株幅 20至30cm ◎ 全日照 ◎ 一般土壤
◎ 過冬 ○ 越夏 × 利用類型 B1

1	2	3	4	5	6	7	8	9	10	11	12
葉											
		花									

多年生福祿考（Montrose Tricolor）

匍匐性福祿考。初春與冬季，葉上白色外斑遇冷帶粉紅色時最美。除了欣賞葉色變化之外，春季至初夏，植株上還會開滿淺藍色花，非常值得好好地欣賞。花也會散發香氣。秋天栽種，植株成長茁壯後，春天開花狀況更好，冬季還可當作彩葉植物，觀賞期間很長。種在夏季有樹蔭遮擋的場所更容易越夏。

◉ 花蔥科多年生草本植物 ◉ 株高 10至25cm ◉ 株幅 20至30cm
◉ 全日照至半日陰 ◉ 一般土壤
◉ 過冬 ○ ◉ 越夏 △ ◉ 利用類型 B1

| 1 | 2 | 3 | 4 | 5 | 6 | 7 | 8 | 9 | 10 | 11 | 12 |
葉
花

M.Amano

M.Amano

Plectranthus golden

金黃色葉中心分布著綠色葉斑的葉片最漂亮。葉片有厚度，葉形圓潤，平面展開，漂亮葉色值得好好地欣賞。不斷地摘心促進分枝，即可使圓潤葉片茂密生長成頂部呈圓弧狀的美麗姿態。葉背與莖部帶紅色，將明亮的金黃色葉襯托得更耀眼。夏季直射陽光易出現葉燒現象，應盡量避免。

◉ 唇形科多年生草本植物（當作一年生草本植物）◉ 株高 20至30cm
◉ 株幅 35至45cm ◉ 全日照至半日陰 ◉ 一般土壤
◉ 過冬 × ◉ 越夏 ○ ◉ 利用類型 B2

| 1 | 2 | 3 | 4 | 5 | 6 | 7 | 8 | 9 | 10 | 11 | 12 |
葉

在日本可能以瑞典常春藤（Swedish Ivy）名稱流通。

蓮子草（Marblequeen）

黃色葉斑與夾雜綠色的大理石斑紋最漂亮。植株茂盛生長時，不同斑紋的葉片相互重疊而表情更豐富。易分枝，植株茂盛生長後覆蓋地面。耐暑性強，種在草花前方即肩負襯托植栽的重任。秋季氣溫下降後，葉色更亮麗，秋末紅色更鮮豔。蔓延生長範圍太廣時，需適時地進行截剪。

◉ 莧科多年生草本植物（當作一年生草本植物）
◉ 株高 10至20cm ◉ 株幅 35至45cm ◉ 全日照 ◉ 一般土壤
◉ 過冬 × ◉ 越夏 ○ ◉ 利用類型 B2

| 1 | 2 | 3 | 4 | 5 | 6 | 7 | 8 | 9 | 10 | 11 | 12 |
葉

NP-Y.Itoh

主要植物　中介植物　彩葉植物

地被植物

M.Amano

夏堇（Catalina Blueriver）

扦插繁殖的夏堇，易分枝，由節點密集開出充滿涼感的藍色花。夏季也不間斷地開花，花期長，由初夏一直開花至秋季。在地上爬行似地，植株旺盛生長蔓延，栽種時必須預留充足的生長空間。種在明亮的半遮蔭環境也會開花，因此，建議種在希望欣賞花的遮蔭角落上。不斷地開花，必須勤快地摘除殘花。

◉ 母草科一年生草本植物　◉ 株高 20至30cm　◉ 株幅 60至80cm
◉ 全日照至半日陰　◉ 一般土壤
◉ 過冬 ×　◉ 越夏 ○　◉ 利用類型 B2

1	2	3	4	5	6	7	8	9	10	11	12

花

地瓜（蕃薯）

耐暑性強的蔓性植物，葉茂密生長，覆蓋地面似地蔓延生長。生長範圍太廣時，適時地截剪就能增加枝條數，栽培出更優美的姿態。以大葉與豐富葉色最富魅力。栽種葉片帶黑色的品種，即可利用特色鮮明的葉色，使庭園植栽色彩顯得更凝聚。種在立體花壇時，垂枝狀優雅姿態可使庭園顯得更生動活潑。

◉ 旋花科多年生草本植物（當作一年生草本植物）
◉ 株高 10至15cm　◉ 株幅 40至100cm　◉ 全日照　◉ 一般土壤
◉ 過冬 ×　◉ 越夏 ○　◉ 利用類型 B2

1	2	3	4	5	6	7	8	9	10	11	12

葉

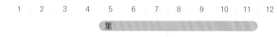

M.Amano

Kanaizuka Engei

鐃鈸花（Albiflora）

一邊開著直徑不到1cm的小白花，一邊覆蓋地面似地蔓延生長。渾圓的小葉也甜美可愛。莖部細長，姿態纖細，但植株旺盛生長。匍匐莖生長速度快，一個季節的蔓延生長範圍就能大到令人吃驚，因此生長範圍太廣時，應適時地進行截剪。種在花壇邊緣，長成垂枝狀態，感覺更自然。

◉ 車前草科多年生草本植物　◉ 株高 5至10cm　◉ 株幅 60至100cm
◉ 全日照至半日陰　◉ 一般土壤
◉ 過冬 △　◉ 越夏 △　◉ 利用類型 B2

1	2	3	4	5	6	7	8	9	10	11	12

花

黃水枝（Spring Symphony）

春天開出淺粉紅色花時最漂亮。呈現葉裂狀態的葉片中心分布著黑色條狀葉斑，只是葉片就很美。植株基部長出茂密的葉片後抽出花莖，開出輕飄飄地浮在空中似的淺色花。花與葉也充滿協調美感，植株越茁壯，開花狀況越好、越精采。冬季氣溫下降，葉片轉變成紅葉。耐暑性、耐寒性皆強，體質強健，容易栽培。

● 虎耳草科多年生草本植物 ● 株高 30 至 40cm ● 株幅 25 至 30cm
● 全日照至半日陰 ● 一般土壤
● 過冬 ○ 越夏 ○ 利用類型 A

	1	2	3	4	5	6	7	8	9	10	11	12
葉												
花												

琴葉鼠尾草（Purple Volcano）

巧克力色葉片展開成簇生狀態，一年到頭都能欣賞美麗的葉色。陽光越充足，葉色越鮮豔。由植株基部長出葉片，葉茂盛生長，植株小巧，姿態優美。春天至初夏期間，抽出淺紫色花穗。體質強健，容易栽培。種子掉落就能繁殖，容易繁衍，隨處生長，因此發現不必要的植株時應及早拔除。

● 唇形科多年生草本植物 ● 株高 20 至 40cm ● 株幅 25 至 35cm
● 全日照至半日陰 ● 一般土壤
● 過冬 ○ 越夏 ○ 利用類型 A

	1	2	3	4	5	6	7	8	9	10	11	12
葉												
花												

羊耳石蠶

以布滿白色綿毛，觸感綿柔的葉為最大特徵。覆蓋地面似地蔓延生長的姿態最美。種在夏季高溫潮濕環境時，植株基部易因太悶熱而損傷，因此，發現泛黃的下葉時，應勤快地摘除，以促進通風。初夏抽出一根根花莖，開出淺藍色花，但建議及早由基部修剪，以避免太悶熱。植株生長太雜亂時，需進行疏苗。

● 唇形科多年生草本植物 ● 株高 30 至 80cm ● 株幅 30 至 40cm
● 全日照至半日陰 ● 一般土壤
● 過冬 ○ 越夏 ○ 利用類型 A

	1	2	3	4	5	6	7	8	9	10	11	12
葉												
花												

→初夏抽出挺拔的花莖。

121

彩葉植物

玉簪

遮蔭庭園不可或缺的植物，
葉色、葉斑分布，
葉形或葉片大小等變化都豐富多元，
玉簪是最具代表性的彩葉植物。

玉簪是妝點遮蔭植栽環境的最基本類型植物。葉色、葉斑、形狀若各不相同，那麼，葉片大小、株幅及草姿也都不一樣，可配合植栽場所範圍、氣氛，區分使用不同的品種。長出碩大葉片、抽出修長花莖後開花，花不耀眼，但浮在空中似的開花姿態令人印象深刻。

組合栽種幾種植物，就能突顯出個性十足的葉色與葉形，構成只存在觀葉植物也魅力無窮的植栽。碩大的葉片成為庭園裡的觀賞焦點，搭配小花或小葉植物，除可達到襯托效果外，還充滿著安定感與沉穩氛圍。搭配玉簪絕對不可能見到，呈現葉裂狀態或細長形等葉形的植物，就能構成充滿綠意的美麗景色。

● 天門冬科多年生草本植物
● 半日陰 ● 一般土壤
● 過冬 ○ 越夏 ○ 利用類型 A

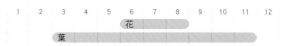

1	2	3	4	5	6	7	8	9	10	11	12
					花						
葉											

Praying Hands

以一邊長出扭曲狀態的細葉，一邊成長茁壯的姿態最獨特。深綠色葉片邊緣，分布著白色細線狀葉斑，讓特色鮮明的葉形更令人印象深刻。充滿造型感的草姿，組合栽種覆蓋地面似地長出葉片的玉簪，就會顯得更引人注目，成為庭園的焦點。花為淺紫色。

● 株高 約45cm ● 株幅 約40cm

Gifu seed

White Feather

名為「白色羽毛」，從名稱上就能看出，以春天萌發的純白新芽最漂亮。這個時候最容易出現葉燒現象，因此較適合種在烈日不會照射到的場所。植株成長後，葉片上漸漸地出現綠色的條狀葉斑，一到了夏季，葉片轉變成綠色。可欣賞葉色變化。相較於其他品種，成長速度較緩慢。花為淺紫色。

● 株高 約60cm　● 株幅 約40cm

Patriot

清晰分布的白色外斑，與綠色部分的色彩對比最優美，感覺更明亮，優美草姿可使植栽空間顯得更清新。夏季至秋季期間，白斑也不會變淡，可長期欣賞美麗的姿態。葉片厚度適中，相較於其他品種，更耐陽光照射。薰衣草般紫色花也很漂亮。

● 株高 約50cm　● 株幅 60至100cm

NP-S.Maruyama

Cherry Berry

葉尾細尖，外形俐落的細葉，微微地往上伸展，感覺清新優雅。綠色與乳黃色中斑的色彩對比最精美。葉柄帶紅色，植株基部的顏色更鮮豔。中斑由春天的黃綠色漸漸地轉變成泛白顏色。花莖也帶紅色，將淺紫色花襯托得更漂亮。

● 株高 約25cm　● 株幅 約35cm

NP-S.Maruyama

Stained Glass

明亮的黃色中斑令人印象深刻。表面光澤與凹凸質感因圓潤的大葉片而更鮮明。因為明亮葉色與葉面光澤而充滿光感，與氣勢十足的草姿相互輝映襯托，成為庭園裡的焦點。綻放大朵白花，花瓣充分地展開時顯得更嬌美。散發芳香味道，值得好好地聞聞看。

● 株高 約50cm　● 株幅 約90cm

S.Tsukie

S.Tsukie

地被植物

紫唇花

紫唇花除了葉色豐富外，
葉形、葉片大小也變化萬千。
配合使用場所與設計造型，
區分使用吧！

常綠葉緊密覆蓋地面似地蔓延生長，最基本類型的地被植物。目前已成功栽培出不同葉色與葉形的品種，從植株小巧，到可栽培成高挑植株等類型，可供組合栽種時挑選。春天抽出一根根花莖後開花時更是美不勝收。

建議組合栽種冬季落葉的多年生草本植物，或可一直種在原地的球根類植物。組合栽種的植株較低時當作背景，較高挑時種在前方，種上一大片，開花時就能以花色襯托後方的花。植株扎根較淺，因此連不容易栽種其他植物的樹木植株基部或斜坡等場所都可栽種。

從全日照到半遮蔭，適合栽種的環境範圍非常廣，但太乾燥或悶熱時，植株易損傷，因此建議種在可避開夏季直射陽光的場所。

◎ 唇形科多年生草本植物
◎ 半日陰 ◎ 一般土壤
◎ 過冬 ○ 越夏 ○ 利用類型 A

1	2	3	4	5	6	7	8	9	10	11	12
			花								
葉											

Pink Lightning

以帶灰色的明亮綠葉，乳白色的外斑最美。葉面稍大，略帶圓形，表面呈現凹凸狀態的葉片最有趣。粉紅色花與葉的組合也漂亮，加在植栽前方即可使整體顯得更明亮。搭配銀葉或萊姆色葉更明亮，搭配銅葉則感覺更典雅。

● 株高 10至15cm ● 株幅 20至30cm

NP-H.Imai

Ogihara

Chocolate Chip

茂密生長著帶黑色，具光澤感的細長葉片的姿態最優美。最適合需要襯托周圍草花，使整個植栽顯得更凝聚時採用。個性十足的黑葉，因細長葉形而顯得更柔美，容易搭配其他種類植物。植株成長速度慢，種在狹窄場所時，姿態也不脫序。植株上開滿藍色花朵時最精采。

● 株高 10至15cm ● 株幅 約20cm

Dixie Chip

葉片為形狀細長，帶黑色的明亮綠色，葉上不規則分布著乳白色葉斑。春天新芽為帶紫色的粉紅色。葉子茂密生長，因此葉斑重疊，表情更豐富。一到了夏季，綠色越深濃，冬季則轉變成紅葉。植株小巧類型，生長速度慢，狹窄場所也適合栽種。開花狀況良好。

● 株高 10至15cm ● 株幅 約20cm

Grey Lady

紫唇花種類中較罕見，葉片為散發金屬光澤的銀灰色。葉緣為綠色或白色，充滿纖細表情。種於植栽空間前方，除了感覺更明亮之外，整座庭園顯得更典雅時尚。花為深紫色，與葉的色彩對比也清新。接觸寒冷空氣後，葉片就轉變成紫紅色。

● 株高 15cm ● 株幅 20至30cm

Catlin's Giant

以帶黑色，具光澤感的圓形大葉片最具特徵。緊密覆蓋地面時，只長葉就充滿存在感。配置在纖細花卉植物較多的植栽腳下，感覺更沉穩清新。花也大朵，抽出花穗後，直株可高達30cm以上，深具觀賞價值。

● 株高 30至40cm ● 株幅 30至40cm

Ogihara

Gifu seed

植物名索引

輕鬆規劃草本風花草庭園
活用多年生草本植物4類型×色彩

．．．

編　　著／NHK出版
監　　修／天野麻里絵
譯　　者／林麗秀
發 行 人／詹慶和
總 編 輯／蔡麗玲
執行編輯／劉蕙寧
編　　輯／蔡毓玲・黃璟安・陳姿伶・陳昕儀
執行美編／周盈汝
美術編輯／陳麗娜・韓欣恬
出 版 者／噴泉文化館
發 行 者／悅智文化事業有限公司
郵政劃撥帳號／19452608
戶　　名／悅智文化事業有限公司
地　　址／新北市板橋區板新路206號3樓
電　　話／(02)8952-4078
傳　　真／(02)8952-4084
網　　址／www.elegantbooks.com.tw
電子信箱／elegant.books@msa.hinet.net

2019年8月初版一刷　定價480元

SHUKKONSOU DE TSUKURU JIBUN GONOMI NO NIWA by NHK
Publishing, Inc.
Copyright © 2016 Marie Amano, NHK Publishing, Inc.
All rights reserved.
Original Japanese edition published by NHK Publishing, Inc.

This Traditional Chinese edition is published by arrangement with NHK
Publishing, Inc., Tokyo in care of Tuttle-Mori Agency, Inc., Tokyo
through Keio Cultural Enterprise Co., Ltd., New Taipei City.

經銷／易可數位行銷股份有限公司
地址／新北市新店區寶橋路235巷6弄3號5樓
電話／(02)8911-0825
傳真／(02)8911-0801

國家圖書館出版品預行編目(CIP)資料

輕鬆規劃草本風花草庭園：活用多年生草本
植物4類型×色彩/ NHK出版編著；天野麻里
絵 監修；林麗秀譯. -- 初版. – 新北市：噴泉
文化館出版, 2019.8
　面；　公分. -- (自然綠生活; 31)
ISBN 978-986-97550-9-2(平裝)

1.庭園設計 2.造園設計

435.72　　　　　　　　　　108012239

Staff

● 監修
天野麻里絵

● 攝影
伊藤善規
f-64寫真事務所
（福田 稔・上林德寬）
小須田 進
桜野良充
竹田正道
竹前 朗
牧 稔人
丸山 滋

● 圖片提供
天野麻里絵
ARS PHOTO企劃
石倉ヒロユキ
M＆BFlora
荻原植物園
金井塚園藝
岐阜種苗
SHOP ABABA
Syngenta Japan
瀧井種苗
中國種苗
月江成人
ハクサン
ハルディン
林殖園
PlantNetwork
Lay House
山本規詔

● 採訪攝影協力
花遊庭

● 設計
尾崎行欧
粒木まり恵
野口なつは
（oigds）

● 插畫
五嶋直美

● 校正
安藤幹江
高橋尚樹

● DTP協力
DOLPHIN

● 編輯協力
有竹 綠

● 企劃.編輯
上杉幸大（NHK出版）

● 參考文獻
《花色レッスン＆コー
ディネートBOOK效
果的な組み合わせでセ
ンスアップ！》
中山正範 著
室谷優二 著
主婦之友社

《色彩と配色 あなたが
作る色彩の本》》
太田昭雄 河原英介
共同著作
GRAPHIC社